乾偉藏書

民國八十三年三月廿三日

台灣民間信仰小百科〔迎神卷〕

讓傳統文化立足世界舞台

——《協和台灣叢刊》發行人序

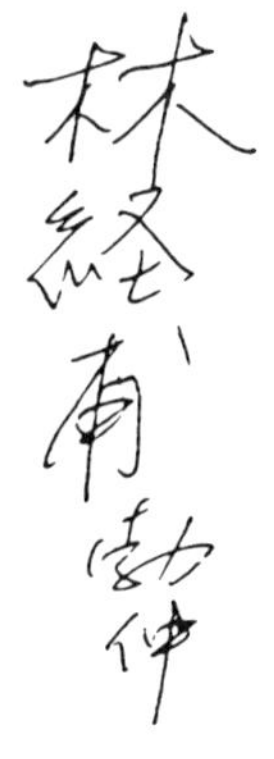

這是一種相當難得且奇特的經驗，四十歲之前，許多人常會問我的，總是一些生理與醫療方面的問題；四十歲之後，我最常思考的卻是文化方面的問題。

如此南轅北轍的改變，最主要的原因，應該是來自我的經驗法則：跟每一位成長在戰後的一代相彷，自童年長至青年，無論是家庭、學校或者是整個社會給我的壓力，只是讀書、考試，考試、讀書；而我一直也沒讓人失望，唸完醫學院後，順利負笈英國，接著又在日本拿到博士學位，先後在美國及台灣擔任過許多人欽羨的婦產科醫生，也正因此，讓我有太多機會在世界各地認識不同的友人。然而，這樣的機會卻總讓我感到自卑，這自卑並非來自專業知識，而是每每交換及不同的文化經驗時，少數識得台灣的友人，也僅知道這個海島擁有七百億的外匯存底而已。

這個殘酷的事實，逼著我不得不慎重的思考：什麼樣的文化，才足以代表台灣？

●

一九八三年間，我結束了在美的醫療工作，

回台全力投注於協和婦幼醫院的經管，由於業務的需要，常有機會到日本去，有一次在橫濱的一家古董店裡，發覺了十幾尊傳統布袋戲偶，讓我突然勾起兒時在台南勝利戲院，坐在長排椅的椅背上看內台布袋戲的情景；不久後，在大阪天理大學附設的博物館，看到那尊清乾隆年間的戲神田都元師以及古色古香的「六角棚」戲台，還有那些皮影、傀儡、木雕、銀器、刺繡與原住民族的工藝品，讓我產生極大的感動，忍不住當場流下眼淚。

我的感動來自於那些代表先民智慧與工藝水平的器物之美；忍不住掉下的眼淚，則是因為這些製作精巧，具有歷史意義又代表傳統文化精華的東西，在這外邦受到最慎重的收藏與保護，但在當時的台灣，除了某些唯利是圖的古董商外，根本乏人理會！

除了感動，同時也讓我感受到日本文化侵略的危機，這種危機感也許可溯自大學三年級的暑假，我參加基督教醫療協會，到信義、仁愛、望洋等山地部落，從事公共衛生的醫療服務時，便深刻體會到日治時期對台灣山地的積極教育，讓日本文化、語言以及民族性都紮下不錯的根基，其深厚的程度甚至令人驚駭，只是當時的情況，個人並無力改變什麼。及至一九八〇年前後，我結束學業，回到台灣後，第一件事便是找到彰化教育學院的郭惠二教授，試圖回到山地，經管一個模範村的計劃，結果模範村計劃因故流產，而那次再回山地，讓我不敢置信的是，由於電視進入山區，使得原住民族的文化幾近完全流失，少數保存下來的，卻是日治時期的文化遺產。

這是多麼可怕的文化侵略啊！難道連日本人走了，都還能予取予求地用區區的金錢，換取我們最珍貴的傳統文化？

如此揉合著感動、迷惑又驚駭的心情，讓我在東京坐立難安，隔天，便毫不考慮地到橫濱那家古董店買回店中所有的布袋戲偶，同時又透過種種關係，買回「哈哈笑」劇團最早那個被台灣古董商騙賣到日本的戲棚。

那絕不只是一時的衝動而已，我很清楚地告訴自己，只要在能力範圍之內，將盡可能地尋回這些流落在外的文化財產；這些年來，雖沒有明確的收藏計劃，但只要是有價值的東西，我都不肯放棄，至今，也才稍可談得上規模。

●

嚴格說來，我是個典型受西式教育的人，加上長年在國外的關係，讓我對藝術或者文化，都懷有較深且闊的世界觀。

最早我在英國唸書的時候，便跑遍了歐洲重要的美術館，後來每次出國，只要有機會，決不會錯過任何一個可觀的現代藝術館。

除了參觀與欣賞，我也嚐試著收藏一些美術的東西，收藏的目的，除因個人的喜好，當然也因為美好的藝術品也是不分國界的！

也許有人會認為，在這傳統與現代之間，必有無法調和的衝突之處，我又如何面對呢？其實，我從不認為這兩者之間會有相互矛盾或衝突之處，任何一種藝術品都有其共通之美，而其中蘊含的不同文化特色，正足代表那個民族的特殊之處，傳統的彩繪與現代美術作品，正是兩類截然不同的作品，正因其不同，我們才能在彩繪中，體認先民的精神與生活狀態，它的價值，除了美之外，更在於它所蘊含的特殊文化表徵。當然，時代的快速進步之下，傳統的美術、工藝與文化，面臨了難以持續的大難題，導致這個問題的因素頗多，例如政府政策的不當、教育的偏頗以及社會的畸型發展，讓戰後的台灣人擁有最好的知識教育，卻完全缺乏生活教育，終造成今天這個以金錢論成敗，從不考慮精神生活的社會型態。

過去，也有許多的專家學者，對這個病態的社會提出不少頗有見地的意見，但我一直認為，任何一個正常的社會，必要擁有正常的文化。台灣光復以來，政府當局全力追求經濟建設的成長，卻不顧文化水平一直在原地踏步，直到近幾年，有關單位似乎也較積極地從事文化建設；只是，當中共的廣東省政府，花了兩億美元整修一座五落大厝，成為一座古色古香的廣東地方博物館時，台灣的左營舊城門才剛剛被毀，半毀的麻豆林家也被拆遷，這樣的文化建設又怎能談得上什麼成績呢？

在這種種難題與僵局之下，要重振傳統文化，重新獲得現代人的肯定，甚至立足在世界的舞台上，就不能光靠政府的政策與態度，而是我們每個人都有責任付出關心與努力，用現代化的方法與現代人的觀點，提昇傳統文化的品質，再締造本土文化的光輝。

●

從開始收藏第一尊布袋戲偶起，彷彿便註定我將走上這條寂寞卻不會後悔的文化之路。

過去那麼多年前，只是默默地收藏一些珍貴的文化財產，我當然知道，光如此是不夠的，但直到今天，時機稍稍成熟，才敢進行下一步的計劃。這個計劃，大概可分為三個部份：一是成立出版社，二為創立臺原藝術文化基金會，三則創設臺原傳統戲曲文物館。

臺原出版社成立的目的有二：一是專業台灣風土叢刊的出版，這是一套持續性的計劃，計劃每年分三季出書，每季同時出版五種台灣風土文化的叢書，類別包括：民俗、戲曲、音樂、歷史、工藝、文物、雜俎、原住民族等大類，每本書都將採最精美的設計與印刷，用最通俗的筆法，喚醒正在迷茫與游離中的朋友，讓更多的朋友重新認識本土文化的可貴與迷人之處。我深信，只要持之以恆，所有努力的成績不僅將獲得關愛本土人士的肯定，更將贏得國際間的重視；二為出版基金會的專刊，臺原藝術文化基金會成立之後，將有計劃地整理台灣的傳統藝術之美，諸如戲曲之美、偶戲造型以至於建築、彩繪之美……等等。

至於基金會與博物館的創立，則是我最大的目標，這兩個計劃其實是一體的，博物館只是基金會的附屬單位，主要的功用在於展示基金會所收藏的文物與美術品；至於基金會本身，除了推廣與發展本土文化，定期舉辦各種研習營與表演、演講，更將策劃舉辦各種世界性的文物交流展，目的除了讓國人有機會打開更廣闊的視野外，更重要的是讓本土文化立足在世界的舞台上。

讓本土文化立足在世界的舞台上，不僅是臺原藝術文化基金會與出版社努力的目標，更是每個關愛本土文化人士最大的期望，不是嗎？唯有如此，才能重拾我們失落已久的自尊！

（本文獲選入《一九八九年海峽散文選》）

民俗紮根碩果現

——我看《台灣民間信仰小百科》

阮昌銳

自一九八四年起，劉還月以一個報社記者的身份，義無反顧地投入台灣民俗田野調查工作，前後已逾十年，這十年中，他為了實現他的理想和目標，不眠不休，克服了許多挫折，突破了無數困難，穿梭在台灣各地的鄉村和城市，發掘無盡的民俗寶藏，先後出版了近二十本的民俗專書，這樣豐碩的成績是民俗學界的奇蹟，也可以說是還月兄發揚客家傳統勤奮精神的表率。

民間信仰的調查與研究，是文化人類學中重要的領域，也是民俗學研究者主要的課題，探討人與超自然的關係與習俗。還月兄繼《台灣歲時小百科》一鉅著之後，又為我們撰寫《台灣民間信仰小百科》，他以田野調查為基礎，並參考文獻資料，介紹與闡明各個有關民間信仰的文化特質，讓我們了解民間信仰中每一個特質的淵源、內涵與意義，這些特質串連起來，整體顯現出法道術士的儀禮法術以及相關的物質文化，充分說明了民間信仰主要的結構基礎。

《台灣民間信仰小百科》除了在學術上有重要的貢獻外，我以博物館人的立場來看，最受惠的可能是在博物館和文化中心工作的同仁們，我們常作有關民間信仰的展覽，但是展品的說明資料缺乏，也不容易找到，現在，有還月兄這套《台灣民間信仰小百科》，對有關文物或展品都提供了完整的資料，顯示出本書對社會教育的重要性，敬此，特別向還月兄致最大的謝意。

追索台灣文化研究的軌跡

——《台灣民間信仰小百科〔迎神卷〕》代自序

早期的台灣，雖然被視為化外之地，明朝天啓四（西元一六二四）年，南居益率兵攻克被荷人佔領的澎湖，雙方和解後，明朝只要澎湖，竟讓荷人轉據安平；清廷入主中原，派施琅攻取台灣後，仍一度決定放棄這塊「蠻夷之地」，顯見中國的封建政權，根本從未重視這個海外孤島，有些史家雖喜歡把台灣的研究上溯至宋元，更有認為漢唐便把台灣視做中國的一部份的荒謬論調，然而這些基本上只是某些政治利益的追索，以滿足統治者的需要而已，真正落實記錄這個島嶼，留下珍貴記錄文獻的，從荷蘭人開始！

荷人與鄭清的研究

十七世紀，荷蘭是世界上最強的海權國家，他們不斷地藉著海洋，擴充他們的殖民地，更重要的是藉著海權的強大，拓展貿易領域，以期全世界都成為他們可以獨霸的市場。一六二四年，荷人正式入主台灣，其實不過是東印度公司又開了一家分店罷了，這家「世界性」的貿易公司，總公司地址位於印尼的巴達維亞城，統轄的範圍包括南洋羣島各地，台灣盛產鹿皮及樟腦，而成相當重要的一站，他們向荷蘭老闆定期的報告書，彙編成《巴達維亞城日記》，其中有關台灣的部份佔相當大部份，當時流水帳般的日記彙報，今天竟成研究早期台灣歷史最完整而珍貴的文獻。

此外，同時期比較重要的文獻，還有瑞士人Herport的《台灣旅行記》以及被猜測可能是荷蘭駐台末任總督揆一，署名C.E.S.者所著《被遺誤的台灣》等。

鄭成功領台後，明鄭政權在台灣維持了廿二年，留下的文獻大都與征戰有關，楊英的《從征實錄》，阮旻錫的《海上見聞錄》，彭孫貽的《靖海志》，夏琳的《閩海紀要》以至於施琅的《靖海紀事》，都為那個時代兵禍與動盪，留下珍貴的記錄。此外，江日昇以演義小說寫成的《台灣外記》，雖然是一本小說，卻也某種程度地記錄了明鄭在台灣的許多史蹟，因而一直被學界所重視。

清廷對於台灣，儘管視為「花不香，鳥不語，男無情，女無義」的蠻荒之境，但實際統治的兩百餘年間，留下許多方志，雖不夠精專，卻全面性地記錄下台灣的風貌，第一本方志乃在一六九四年完成，「台灣入清版圖以後，始有刱為方志者，季麟光、蔣毓英、王喜（又名喜寧）皆曾從事纂輯，而終能成為第一部台灣府志，且刊刻問世者，則高拱乾也。」（方豪〈台灣方志彙編〉）。

高拱乾纂修的《台灣府志》之後，台灣各地的廳志、縣志也不斷有人創修，或者補修、續修，這些地方志書，雖然屬於傳統的史學，但每部志書中，大抵上都翔實地記載了封域、規制、秩官、武備、賦役、典秩、風土、人物、藝文以及其他的附錄，足以提供給後世研究台灣的人最豐富的基本資料。

清廷領台期間，除了各式各樣的志書外，也出現了某些專題性質的書刊，諸如夏獻綸的《台灣輿圖》，各縣廳編的《淡新鳳三縣簡明總括圖冊》，修建台北城留下的《淡水廳築城案卷》，清官方文書的《皇清職貢圖》，羅大春的《台灣海防並門山日記》以及六十七的《番社采風圖考》……這些專門性的書刊，泰半都是官方的文書、檔案或資料，少數才是私人研究的成果。

清領台灣兩百餘年間，這個物產豐美的海島，一直都是西方傳教士與商人注目的焦點，尤其是「天津條約」開放了五口通商之後，西方商人大大方方的進出台灣，誰都不能干預。這其間，也留下了許多因傳教或經商而來的文獻，傳教士甘為霖所寫的《Formosa Under the Dutch》以及馬偕博士的《From Far Formosa》都是非常重要的文獻，此外，商人兼探險家必麒麟所寫的《Pioneering in Formosa》，更深入原住民的世界，留下最原始純真的一面，同時也寫下當時外國商人為了貿易的需要，如何開發與掠奪，最赤裸裸的一面。

日治時代的全方位研究

一八九五年，日本憑著馬關條約，取得台灣的統治權。對於這個一直想向南方發展的寒帶國家而言，台灣不只是一個大島，更補足了「內地」（日人稱日本本土）缺少的陽光和產業，實現了這個長久以來的夢想，日人自然希望世世代代都能擁有。為了鞏固統治權，他們採軟硬兼施的方法來治理台灣人，更重要的是，為了真正掌握台灣人，日本當局甚至以官方之力，設置專門的研究機構，全面調查台灣的歷史文化與風土民情；一九〇〇年，台灣總督府和法院官員等便組織了「台灣慣習研究會」，由兒玉總督擔任會長，重要的文化研究者伊能嘉矩擔任總幹事，這個官民合作的機關，主要的任務是全面性地調查台灣人的衣食住行以及產業、民俗、風物、禮俗、舊慣……等，前後七年間，每年都出版一卷《台灣慣習記事》，這七本年刊，也成了台灣早期最完整、最有價值的民情風俗記錄。

一九〇一年，台灣總督府更直接設置了「臨時台灣舊慣調查會」，下設三個部門，分別調查舊制的法令、士農工商的經濟行為與慣習，更將調查所得，研議做為立法的參考。「臨時台灣舊慣調查會」，共維持了十四年，重要的調查成果有：包羅民間法令、律則、會典、則例、省例、政典、諭告、碑記、公文、契約、帳簿以及約定成俗的慣例的《台灣私法》（共十三巨冊）；調查清代行政制度的《清國行政法》（共七冊）；原住民族羣、文化與生活習慣的《蕃族調查報告書》（共四冊）、《蕃族慣習調查報告書》（共三冊）以及《台灣蕃族圖譜》（共二冊）等。

一九一九年，第一任文官總督田健次郎上任，認為對台灣的調查有繼續的必要，乃於一九二二年，設置「史料編纂委員會」，直隸於台灣總督府，惜半途而廢，一九二九年，繼任總督川村竹治又再設「史料編纂會」，但主體放在日治的歷代治績，且沒有正式出版，較不為人們所重視。

官方的成績已經相當可觀，但民間學者的努力更是驚人，尤其是一九二八年，伊能嘉矩窮十年光陰完成的《台灣文化志》，更被譽為「台灣研究史上劃時代的鉅著」，這部偉大的作品，包括了台灣的歷史、歷代文治武備、各地城垣之沿革、地方自治、治匪政策、抗清事件、分類械鬥、教學設施、科舉制度、社會政策、民間祭祀與信仰、各志書修志始末、經政沿革、農工沿革、交通沿革、商業貿易變遷、外力入侵、拓殖沿革、原住民治理、日人治台以及台灣地勢變遷……等。不僅內容包羅萬象，水準更具有極高的學術價值，甚至直到今天，仍被認為台灣文化研究的經典。

此外，片崗巖為台灣所寫的第一部風俗叢書《台灣風俗誌》，鈴木清一郎討論台灣人民族性與民間信仰的《台灣舊慣冠婚葬祭與年中行事》，藤島亥治郎首開先例的建築與居住形態研究《台灣的建築》，移川永之藏的原住民研究《台灣高砂族的傳說與言語》，鈴木質的《台灣蕃人風俗誌》，增田福太郎的《台灣之宗教》，池田敏雄的《台灣家庭生活》，東嘉生的《台灣經濟史概說》，中村孝志的《台灣史概要》，山邊健太郎的《日本帝國主義與殖民地》，岡田謙的《未開社會》，東方孝義的《台灣習俗》，梶原通好的《台灣農民生活考》……，此外更有被視為日本人良心的抗議雜誌《民俗台灣》，這些可觀的成就，不僅說明了日人對台灣研究的用功之勤，更因眾人努力的結果，使得台灣的研究出現了最繁盛、最蓬勃的世代，甚至可謂是台灣研究的黃金時代。

從荷領到日治時代，漫長的兩、三百年間，台灣歷經了各種不同的政權統治，在政治上的地位也不大相同，加上知識、智慧等等的差異，使得明鄭之前，有關台灣的討論，大都偏向眼睛所看得到的遊記或現象的記錄；清領之後，中國政權第一次長期地正式統治台灣（明鄭政權太短），許多基礎資料必須從頭建設，各式各樣的方志、田野調查記錄及土地記錄，遂成為這個時期最具代表性的文獻；及至日人領台，為了好好經營這塊「殖民地」，因此出現了最大數量有關台灣人性格、信仰、風俗、禮教、土地……等等的研究，此外便是殖民地的問題與歷史探索，構成了日治時期台灣研究最大的特色。

白色恐怖下的台灣恐懼症

太平洋戰後，台灣在妾身未明的情況下，被中國政權接管，台灣人也一度懷有美好的「祖國夢」，照說台灣的研究應該得到更大的發展空間，然而事實恰恰相反，台灣的研究非但失去應有的空間，甚至在政治的強力干預下，成了不能觸碰的禁忌。

戰後的台灣，本已滿目瘡痍，百廢待興，沒料到一九四七年初，因查緝私煙而引爆的二二八事件，把台灣帶進了一個大浩劫中，隔年中，國民黨當局以應付緊急危難的理由，宣佈台灣地區戒嚴，一紙小小的「戒嚴令」，卻給了以警總為首的情治單位最大的權力，一般人民的言論、出版、集會、結社……等等自由都被剝奪，情治單位為了「消滅匪諜」，隨時可以約談、拘捕、審訊任何人，不少人往往睡到半夜便突然失蹤，如此的白色恐怖，不僅讓人民視政治為洪水猛獸，絕口不談國事，更影響至學校的教育與學術的研究，最普遍的現象是大家能談的範圍是中國而沒有台灣。

一九四九年，國民黨當局流亡到台灣以後，為了「安定民心」，推動了一系列的「文化列車」活動，要求各種地方戲團輪流到各地演出《共匪暴政》或者《女匪幹》之類的改良劇，至一九五二年，當局為了「改革迷信」、「節約拜拜」，頒佈了行政命令，強迫各地統一拜拜，限制屠宰牲畜的數量，禁止民間的迎神賽會以及野台酬神戲。這一連串的禁令與政策下，使得多數的台灣民間信仰，都成了當局眼中以及學校課堂上的無知迷信。

戰後的最初十年，台灣常民的文化面臨這一連串的打擊與困難，歷史與文化的研究，幾近完全斷絕，少數仍繼續此一志業者，不是把研究的範疇以中國為主（甚至完全不提台灣），便是少數任職於公家機關或與文獻單位有相當密切關係者，他們藉著職務之便得以從事台灣住民、史蹟與文化的調查或研究。

以鄉土史料和民情風俗的研究為例，檢視這段時期的成績單，較具代表性的人物包括吳新榮、王詩琅、陳漢光與楊雲萍等先生；出身鹽分地帶的作家吳新榮，本身是位醫生，也是台南縣文獻會的委員，對民俗的田野工作有極濃厚的興趣，從五〇年代初期開始，前後近二十年，他完成了台南地區最完整的採訪，寫成的《震瀛採訪錄》和《南台灣采風錄》，仍是現今最珍貴的田野文獻。

新聞記者出身的王詩琅，年輕時曾投身反日運動，多次被捕，太平洋戰後，開始在《掃蕩報》的「人文」副刊以及《公論報》「台灣風土」副刊發表台灣風土的文章，五〇年代末葉，發表的範圍更擴及至《台北文物》、《台灣風物》等專業的雜誌，這些散章雖然遲至八〇年代初才整編為《艋舺歲時記》出版，卻是戰後初期，台灣北部最重要的文獻資料，與吳新榮正好一南一北，相互呼應。

陳漢光與楊雲萍兩先生，在台灣的研究上，各有不同的領域與突出的成就，但在台灣戰後初期，他們最重要的貢獻，莫過於創辦《台灣風物》雜誌，無可諱言的，《台灣風物》受到日治時期《民俗台灣》雜誌的影響相當大，他們創辦之初的意圖也在接收《民俗台灣》所遺下的資產，因此可見到許多抄襲的痕跡，但絲毫無損這份歷史最悠久，民間創辦風土刊物的重要性與意義。

戰後的台灣，度過了飄搖動盪的第一個階段後，雖然白色恐怖仍然存在，但經濟已逐漸恢復常軌，失業人口漸少，通貨膨脹消除，人民的生活漸趨安定，民間的祭典與信仰雖必須假借其他名目（如慶祝雙十節、慶祝總統就職）

舉行，但已逐漸活絡而增加，風土民情與鄉土藝術的研究也有稍多的人涉入，從六〇年代至七〇年代的二十年內，呂訴上、陳國鈞、廖漢臣、王國璠、吳瀛濤、蔡培火、何聯奎、衛惠林、劉枝萬、阮昌銳、董芳苑……都在各自的領域上，有相當傑出的成就。

出身戲劇世家，曾赴日本大學研修電影的呂訴上，自幼醉心於電影，光復後還曾擔任過新劇《女匪幹》、《鑑湖女俠》等的編劇，但最受人肯定的卻是「黽勉十易寒暑，幸皆完成」的《台灣電影戲劇史》，呂氏的這部傳世之作裡，除了收錄〈台灣電影史〉外，還包括了〈台灣播音劇簡史〉、〈台灣戲曲發展史〉、〈台灣南管戲略史〉、〈台灣平劇史〉、〈台灣車鼓戲史〉、〈台灣歌仔戲史〉、〈台灣連鎖劇簡史〉、〈台灣戲劇的女優團演變史〉、〈台灣新劇發展史〉、〈台灣布袋戲史〉、〈台灣皮猴戲史〉、〈台灣傀儡戲史〉、〈台灣腹話術的偶人戲簡史〉以及各種中國來台劇種簡史和其他跟戲劇有關的發展史料，其中有部份資料雖記述不夠詳盡，卻是台灣有史以來第一部戲劇文化的史書，許多後人的研究，都以它為藍本。

專業於台灣原住民文化研究的陳國鈞，在五、六〇年代間，曾經長期深入台灣原住民的社會中進行田野調查，成果自也相當可觀，先後曾結集出版過《台灣東部山地民族》、《蘭嶼雅美族》、《台灣土著社會婚喪制度》、《台灣土著社會生育習俗》、《台灣土著社會成年習俗》以及《台灣土著社會始祖傳說》，這麼多的著作，正好包羅了台灣原住民的社會與風俗，不僅資料翔實，調查的範圍既廣也深，陳氏在六〇年代之前，台灣原住民研究上的重要地位，顯然無他人能替代的！

早年曾任職台灣省文獻會，後寓日的廖漢臣，對台灣民俗的研究著作雖然不多，但廖氏著《台灣的年節》一書，選刊了春節、人日等十七個台灣的歲時節俗，更重要的是，廖氏對每個節俗的討論，除了一般人常運用的源流與現況外，他更重視清代節日與現今節日的變遷探討以及台灣的節俗與中國風俗的差異，這些比較與討論中，運用了非常多的文獻資料，更凸顯這本小書在「研究」意義上扮演的重要角色。

王國璠也是位出身文獻單位的研究者，曾擔任過台北市文獻會的執行秘書，因有「美國留學生有至本會詢問研究台北市歲時、令節，當備何書?倉卒之間，竟不能具體答復……」，於是花了一年多的時間，編寫了《台北市歲時紀》一書，收錄了一百條台北市的歲時節俗，每個節俗還與中國各地比較異同之處，也是一本相當重要的歲時工具書，可惜這本重要的著作是借《台北文獻》直字第五期出刊，並非直接出版單行本，致使許多有心的讀者都因發行不廣且不公開出售而失之交臂。

出生於一九一六年，日治時期曾發起「台灣文藝聯盟」的吳瀛濤，為早期台灣現代詩壇的傑出詩人，笠詩社的發起人之一，戰後以其精通日語之長，加上本身的見識與瞭解，編寫出《台灣諺語》與《台灣民俗》兩書，是台灣戰後包羅最廣的語言與民俗著作，一直到現今，仍是民俗愛好者最基礎的入門書，影響力之大可見一斑。

曾擔任日治時期教員，後為推行羅馬式白話字運動而被革除教職的蔡培火，一生都為推廣福佬話而奮鬥，二次大戰前，曾數次開辦語言班或推行語言運動，卻都被日方禁止，最後只得遠走中國的重慶，戰後回到台灣，仍心繫於語文的推廣工作，乃花了七、八年的時間，編寫了《國語閩南語對照常用辭典》，當時他的目的是「希望以此來協助除去本省（台灣省）語言上的阻隔，同時希望以此作為協助本省（台灣省）失學大眾接近知識水準之一助。」今天反成了研究台灣福佬話最理想的基本資料。

何聯奎和衛惠林，都是學院裡的研究者，兩人合著的《台灣風土志》，包容了漢人和原住民兩部份，何氏著寫前半部份，衛氏則負責原住民風情的探訪，是一部簡潔易讀的入門書籍。

出身文獻會的劉枝萬，則是最早研究台灣民間信仰與醮典記錄的學者，他對這方面所下的功夫，不僅翔實、精準，所開闢的醮典田野記錄的模式，至今仍是後輩研究者仿效的範本，著有《台灣民間信仰論集》、《台北市松山祈安建醮祭典》、《中國民間信仰論集》等重要作品。

人類學背景出身的阮昌銳，早期從事史前文化及噶瑪蘭族的田野研究，後致力於台灣民俗與民藝方面的整理，著有《莊嚴的世界》、《薪傳集》、《民俗與民藝》……等，都是六、七〇年代重要的民間文化研究作品。

自幼接受基督教教育的董芳苑博士，長久以來都在台灣神學院執教，但他對台灣的民間信仰，也有相當深入的研究，七〇年代中期結集的《台灣民間宗教信仰》、八〇年代結集的《認識台灣民間信仰》以及九〇年代的《信仰與習俗》都是非常具有代表性的作品，難能可貴的是，董氏為虔誠之基督徒，卻能以完全投入的態度，接觸台灣民間信仰，並以其精湛的神學理論，予以研究分析，所呈現的成績，和其他的研究者相較，自有別人所不能及的獨到之處。

私人的研究之外，更值得一提的是《台灣文獻叢刊》的出版，一九五六年至一九七三年間，台灣銀行經濟研究室陸續蒐集、整理出版的六百多種《台灣文獻叢刊》，是二二八事件之後，公家單位以經濟之名，行文獻整理之實的大手筆傑作，其中包括了志書、文獻、實錄、日記、詩抄、文集、遊記、報告、碑文、家譜、帳冊、圖譜……等，觸及的範圍自荷西至日治，自原住民至漢人，從地方文獻到私人日記……，為近代台灣研究工程最重要的重整與奠基工作。

八〇年代以降的輝煌世紀

邁入八〇年代以後的台灣，由於政治、社會的安定，經濟、民生的繁榮，已經使得台灣邁入三百年來最富裕的世代，中期以後，政治上的解嚴以及各種政策的開放，使得台灣邁入一個嶄新的局面中，台灣的研究也隨著這股自由的風氣開始活絡起來，更重要的是，許多新生的一代也適時投入這個行列中。

綜觀八〇年代的民俗研究者，是一個老中青三代大結合，互相激盪的大時代，領航者如李亦園、劉枝萬、阮昌銳、宋龍飛、陳炎正、鄭良偉、許成章、許常惠、黃有興……在這時期都有重要的作品發表；中生代有邱坤良、劉文三、洪惟仁、莊永明、仇德哉、鍾華操、蔡相煇……在個人的領域裡大展長才；新生代的崛起更令人欣喜，明立國、王嵩山、黃文博、徐惠隆、李赫、陳健銘、黃美英、林明峪、鄭志明、林文龍以及原住民的文化研究者瓦歷斯尤幹、達西烏拉彎·畢馬、巴蘇亞·博伊哲努，夏本奇伯愛雅……等等，都可謂是代表性的人物。

老一輩的研究者，大都出身學院，長期專注在某一範疇的研究上，早已享有盛名，八〇年代始，更陸續有傑出的作品發表，像李亦園的《台灣土著民族的社會與文化》、劉枝萬的《台灣民間信仰論集》、阮昌銳的《莊嚴的世界》、宋龍飛的《民俗藝術探源》、陳炎正的《神岡鄉土志》、《台中縣岸里社開發史》、鄭良偉的《走向標準化的台灣話文》、《台語研究論集》、許成章的《台灣漢語辭典》以及許常惠策劃主編的《中華民俗藝術叢書》（共出八本，內容以戲曲為主，如歌仔戲、客家山歌……等）、黃有興的《澎湖的民間信仰》……每一部都可謂是八〇年代台灣文化研究的代表性作品。

起萌於七〇年代，到八〇年代，學養與經驗正邁入顛峯的中生代，研究的重點以戲曲民藝、語言以及寺廟神明三大類，邱坤良的《現代社會的民俗曲藝》、《民間戲曲散論》、《野台高歌》、劉文三的《台灣早期民藝》、《台灣宗教藝術》、《台灣神像藝術》等，都屬於第一類的著作；洪惟仁和莊永明，則是八〇年代中生代中較重語言研究的專家，洪氏的《台灣禮俗語典》、《台灣河佬語聲調研究》，莊氏的《台灣諺語淺釋》（系列作品）以及《台灣紀事》、《台北老街》等其他題材的作品，都有頗高的評價；寺廟神明的研究，值得一提的有仇德哉的《台灣廟神大全》、鍾華操的《台灣地區神明的由來》、蔡相煇《台灣的王爺與媽祖》、《台灣的祠祀與宗教》等等。

崛起於八〇年代，並在這個時代大放異彩的新生代，大都以紮實的田野工作見長，著重於風俗研究的有黃文博的《台灣風土傳奇》、《台灣信仰傳奇》、《台灣藝陣傳奇》、《台灣冥魂傳奇》、《南瀛民俗誌》、林文龍的《台灣史蹟叢論》（共三冊）、《台灣的掌故與傳說》，徐惠隆的《蘭陽的歷史與風土》，執著於文化探討的有黃美英的《台灣文化滄桑》，林明峪的《台灣草地故事》、《台灣草地講古》，熱中於戲曲探查的代表性人物，包括陳健銘的《野台鑼鼓》，王嵩山的《扮仙與作戲》，王嵩山也是新一代的人類學者，對原住民文化有相當深入的研究。此外，明立國的代表作品《台灣原住民族的祭禮》，李赫的諺語研究《台語的智慧》，也都各領風騷，在不同的舞台上，展現同樣燦爛的光芒。

八〇年代還有一個非常令人興奮的現象，就是原住民也開始從事自己族羣的文化研究，最早標舉母族研究而有傑出成就的首推瓦歷斯尤幹，他以文化研究和社會運動並進的方式，大力宣揚原住民的理念與想法，更成立台灣原住民人文研究中心，以期用更大的力量，全力建立自主系統的原住民文化觀點。鄒族的知識份子巴蘇亞．博伊哲努，不只自己寫了《台灣鄒族的風土神話》，更結合了中、蘇、台的學者，編譯全世界第一本原住民語典《台灣鄒族語典》；布農族籍的達西烏拉彎．畢馬，則為自己的民族寫了《台灣布農族的生命祭儀》，雅美族的素人作家夏本奇伯愛雅，以樸素的文字，記錄了自己民族的神話《釣到雨鞋的雅美人》及《雅美族的社會與風俗》……等等。

再造台灣本土文化的高峯

戰後的台灣，從百廢待興走到今天前所未有的繁盛局面，台灣的研究，也從隨時會被扣帽子的陰影中，走向百家爭鳴的新時代，更重要的是，這些原本只是少數專家學者關心的課題，到了八〇年代，已有愈來愈多的各界人士參與和關注，甚至已經擁有一定的市場，專業的出版社以及相關基金會的誕生，使得研究本土文化不僅逐漸形成一種風氣，甚至被稱為是一種顯學……這一切現象，都說明了三百年來的台灣研究，正邁入另一個全新的世代。

許多關心本土文化的人士，對於這種種，不免沾沾自喜，彷彿我們過去幾十年來的努力，圖的不過是這一點點的成果而已，事實上，在這個表面開放，實質上仍然緊抓不放的政治環境中，表象的繁華卻最容易令人迷醉，如果我們就耽溺在這種虛幻的滿足中，其後果可能比在受壓迫的環境中更為悲慘。

今天，我們重新面對台灣文化的研究，最重要的乃在於基礎工程的建立，尤其在人文科學方面，我們能以更踏實，更虔誠的做法，全面進行台灣文化的整理工作，要重新建立自主性的文化觀與民族尊嚴，才不致於淪為空洞的說詞與虛幻妄想。

花了近十年心血完成的《台灣民間信仰小百科》乃是承續《台灣歲時小百科》之後戮力完成的作品，這部作品，也許有許多缺點與不周延之處，但至少，我希望這件浩大工程，能為本土的人文科學，奠下穩固的碁石。

——本文原為三篇，分刊一九九〇年及一九九一年《中國時報》〈文化版〉及《中國論壇》，部份重寫並組合而成。

關於作者

●七〇年代的劉還月，在台北當工人。

劉還月，本名劉魏銘，一九五八年生，台灣新竹客家人，第十四屆吳三連獎報導文學獎項得主。曾任廣告公司企劃、《自立晚報》〈生活版〉主編、《三台雜誌》總編輯、現任臺原藝術文化基金會總幹事、臺原出版社總編輯、台灣常民文化田野工作室主持人、台北縣政府鄉土教材編纂指導教授，另兼多齣公共電視節目企劃或顧問工作。一九八四年起，專事台灣民俗田野調查。曾獲王育德紀念研究獎、教育部文藝獎、台灣之美攝影金牌獎、台北西區扶輪社職業成就獎、梁實秋散文獎及國內各媒體散文、報導文學獎等多項文學獎。

年輕時，熱愛藝文創作的劉還月，於一九八〇年替「黨外」助選以來，便回到本土的領域上，以闊氣經營生命，以殘酷面對自己，每一個生命過程都定下目標，並堅持完成自己。十餘年櫛風沐雨的田野工作，成績斐然，被譽為台灣常民文化的旗手！

在出版著作方面，重要成績包括：

一九八六年　台灣民俗誌
一九八七年　回首看台灣
一九八八年　旅愁三疊
一九八九年　台灣土地傳
一九八九年　台灣歲時小百科（上下兩卷）
一九九〇年　變遷中的台閩戲曲與文化（與林經甫合著）
一九九〇年　台灣的布袋戲
一九九〇年　台灣札記
一九九〇年　台灣生活日記（徐仁修合著）
一九九一年　台灣民俗田野手冊
一九九一年　台灣的歲節祭祀
一九九一年　瘖瘂鶴鳴
一九九二年　台灣傳奇人物誌
一九九三年　南瀛平埔誌
一九九四年　台灣民間信仰小百科（全書共五卷）

重要的個人研究計劃則有：

一九八四—一九八八年　台灣歲時小百科田野調查（長年性計劃）
一九八七年　三峽祖師廟慶成祈安清醮醮典田野記錄
一九八七年　桃園平鎮福明宮祈安清醮醮典田野記錄
一九八七—一九九二年　台灣民間信仰小百科田野調查（長年性計劃）
一九九〇年　基隆市政府委託「雞籠中元祭祭典科儀」田野研究報告案
一九九二—一九九七年　台灣生命禮俗小百科田野調查（長年性計劃）
一九九二年　台南縣文化中心委託「台南縣西拉雅族歷史與文化」田野調查案
一九九三年　屏東縣文化中心委託「屏東縣境平埔族羣」田野調查案

每一座高峯，都是用無數土石堆積起來的！

——《台灣民間信仰小百科》的特別謝誌

《台灣民間信仰小百科》的完成，雖然名譽歸我個人所有，然而，所走過的每一步，其實都有太多的朋友拉我一把，助我一臂之力，其中最多的是田野現場中的報導人，八年下來，累積了四、五百位之多，長期承受各界朋友們的大愛，卻無法一一詳列他們的名字，僅能在此表示我最深厚的謝意。

一九八七年起，沒有第二句話便全盤接受《台灣歲時小百科》的《民眾日報》副刊，也同樣接納了《台灣民間信仰小百科》，一直到出書之際，這個專欄仍存在於報紙版面上，這麼多年了，《民眾日報》副刊先改稱文化版，今稱鄉土版，最初的主編吳錦發先生高昇言論部，換由張詠雪小姐主編，但這些滄海桑田，並沒有改變他們對我的支持，在這裡，我要特別謝謝兩位主編：

吳錦發先生

張詠雪小姐

此外，《自立晚報》的林文義先生，《台灣時報》的王家祥先生，對這些小稿的支持，也值得記一筆。

百年難得換來的好友黃文博，這麼多年來，

不只提供了我一切的方便，更毫無怨言地替大部份的文稿做最辛苦的校訂工作，他的學識與見聞令我贊佩，但有些由於個人觀點的差異以及後來補寫的部份，未及請他過目，若有錯誤，責任完全在我，在此，我必須再一次寫下他的名字，以示最真摯的謝意：

黃文博先生

踏入常民文化研究的領域以來，一直受到許多師長及朋友的教誨，事實上，他們的研究成果，更是我學習模仿的對象，而今，趁著出書之際，特別請他們寫些評論的文字，一方面能給我一些參考，同時也做為紀念，在此，我必須慎重向他們致謝：

劉枝萬教授

李　喬先生

阮昌銳教授

董芳苑教授

黃文博先生（按年齡順序）

最後，還是要謝謝您！

謝謝您喜歡這套作品，謝謝您疼惜台灣、疼惜我們所擁有的一切！

〔迎神卷〕分卷說明

一、本書所涵蓋的範圍，以台灣和澎湖群島為主，觸及的族羣，則以福佬、客家為主體的漢人；原住民部份，僅錄平埔族部份，餘因無力研究，全部放棄不錄，特此向原住民朋友致歉，期望有人可全力進行原住民風土民俗的研究。

二、本書所探討的問題與介紹的現象，乃指一九九〇前後三年為準，然則民間信仰最易受到外力影響而改變，加上南北各地本就有許多歧異，因而若發現實況和書中記錄的不同，當以現實的狀況為準。

三、台灣的民間信仰，本就具有自由發展與多元創造的特色，同一個祭典，南北各地可能就有天壤之別，再者各地也常有特殊的信仰行為，因而台灣民間信仰的項類何止千萬條，但受限於本人研究功夫未逮，僅能記錄這套書所有的內容，唯恐遭不明究裡的人士誤認此為民間信仰的全部，在此特別鄭重聲明：

書中所列僅為個人所知的範圍，並不能涵括所有的台灣民間信仰。

四、〔迎神卷〕所收錄的，分迎神性質、香陣隊伍、轎隊組織、以及酬神戲曲等四個單元。

迎神性質主要是釐清台灣各種迎神賽會，如進香、刈香和繞境之別，此外，還包括神轎起駕、停駕、駐蹕……等，相信有助於朋友們了解神轎出巡的進退與禮節。香陣隊伍主要敘述迎神隊伍中所有的參與者，包括班役、報馬仔、藝閣、獅陣、龍陣、宋江陣……等文武陣頭、大神尪仔等。

迎神隊伍中常可見到的童乩、濟公……等，因屬靈媒人物，收錄於〔靈媒卷〕中，至於轎隊組織，實屬於香陣隊伍的一部份，只是這些充作神明護衛的隊伍，大多直屬於寺廟，組織較嚴密，且不同於藝閣陣頭以熱鬧取勝，因此特別收錄於一個獨立的單元。

迎神隊伍基本上是人們謝恩與還願的行為，演戲為最普遍的酬神行為，因此在第四個單元裡，談的都屬民間的酬神戲，包括酬神的性質與劇種，但有些戲曲的演出跟歲時節俗關係密切，像二月戲、九月戲、土地公戲等，則置於〔節慶卷〕中，請朋友們多留意參考。

五、本書所引用之書目，全部直接標示於內文中，且參考引用之書目甚多，佔用篇幅過鉅，為節約篇幅，全部省略不列，特此說明。

台灣民間信仰小百科〔迎神卷〕

劉還月／著

目錄

讓傳統文化立足世界舞台／林經甫（勃仲）／3

——《協和台灣叢刊》發行人序

民俗紮根碩果現／阮昌銳／7

——我看《台灣民間信仰小百科》

追索台灣文化研究的軌跡／9

——《台灣民間信仰小百科〔迎神卷〕》代自序

關於作者／21

每一座高峯，都是用無數土石堆積起來的！／23

——《台灣民間信仰小百科》的特別謝誌

〔迎神卷〕分卷說明／25

輯一　迎神性質

進香／40
香期／42
媽祖香期／43
五府王爺香期／45
保生大帝香期／47
關帝君香期／48
玄天上帝香期／49
土地公香期／50
刈香／51
繞境／53
空巡／54
海巡／55
請火／57
請水／58
暗訪／59
迎神事宜／61
天台／62
迎神榜示／63
通達／64

貼香條／65
香條／66
起馬宴／67
換袍禮／68
淨轎／69
起駕／70
擺香案／71
換香／73
鑽轎腳／74
接香／76
拜廟／77
會香／78
駐蹕（駕）／79
停駕／80
轎凳／82
入廟／83
晉殿／84
過爐／85
割火／86
祝壽／87
回駕／89
搶香／90

搶轎／91

輯二　香陣隊伍

香陣／94
前鋒隊／95
報馬仔／96
報馬與報兵／98
透青竹／99
長生菜與長生肉／100
先鋒官／101
宋江陣探子／102
路關／103
開路鼓（鑼）／104
清道／105
頭燈／106
頭旗／107
黑令旗／108
熱鬧隊／109
藝陣／110
藝閣／111
車閣／113

蜈蚣閣／114
七番弄閣／116
八美圖／117
探館／118
開館／119
八家將／120
打面／121
領令／123
使役／124
刑具／125
文武差／126
甘、柳將軍／127
捉拿大神／128
春夏秋冬神／130
文武判官／132
霞海城隍家將團／133
虎爺／134
白鶴童子／135
四獸將軍／136
四神兵／137
龍虎鍘／138
十三太保陣／139

五毒大帝陣／140
龍陣／141
獅陣／142
醒獅陣／143
細妹獅陣／145
龍鳳獅陣／146
宋江陣／147
宋江獅陣／149
白鶴陣／150
五王陣／151
小法陣／152
高蹺陣／153
牛犁陣／156
鬥牛陣／158
跳鼓陣／159
雙生相搏陣／161
車鼓陣／162
挽茶車鼓陣／163
布馬陣／164
七響陣／166
水族陣／167
跑旱船陣／168

目錄

公揹婆陣／169
十二婆姐陣／170
天子門生陣／172
文武郎君陣／173
落地掃陣／174
三藏陣／175
將爺陣／176
獅豸（麒麟）陣／177
素蘭小姐陣／178
原住民歌舞陣／180
布袋戲車／181
電子琴花車／183
大神尪仔／184
千里眼／186
順風耳／188
三目楊戩／189
趙康二元帥／190
張巡許遠／191
金童玉女／192
金雞玉犬／193
達摩祖師／194
哪吒三太子／195

彌勒佛／196
土地公和土地婆／197
保正伯婆／198
謝將軍／199
范將軍／200
日夜遊巡／201
大小鬼／202
牛頭馬面／203
方相／205
水火將軍／206
青面獠牙／208
鹹光餅／209
神將高錢／210
手錢／211

輯三　神轎組織

神明隊／214
保駕方旗／215
鑼鼓隊／216
哨角／217
班役／218

目錄

繡旗／220
旗車隊／221
長腳牌／222
執事牌／224
誦經團／226
雜役／227
捕快／228
劍印童子／229
虎爺轎／230
王駕／231
監斬官／232
王馬／233
涼傘／235
吞精食鬼／236
大轎／237
武轎／238
四轎／239
手轎／241
轎頂白鷄／242
香擔／243
香客／244
香旗／247

隨香燈／248
隨香金／249
掃香路／250
戴鐵枷／251
戴魚枷／252
充軍／254
充家將／255
挑馬草水／256
馬鞭／258
神座／259
風雨免朝牌／260
平安粥（圓）／261
平安米／262

輯四　酬神戲曲

謝恩／264
謝戲／265
罰戲／266
拼戲／267
隨駕戲／269
子弟戲／270

扮仙戲／272
布袋戲／273
傀儡戲／275
皮影戲／276
歌仔戲／278
南管戲／279
亂彈戲／280
四平戲／282
高甲戲／283
康樂會／284
野台電影／285
索引／②

1／迎神性質

進香

進香是台灣最常見的活動，一般而言，指神明壽誕之前，分靈的廟神回到祖廟，向祖神祝壽，並增添分靈神威的全部過程與儀式。

進香活動的緣起，跟早期台灣主要的社會結構由移民所組成有密切的關係。移民之初，人民必須克服許多困難，回到祖廟進香。居民逐漸本土化以後，進香活動也漸在島內進行，尤其是媽祖進香最為盛行，《安平縣雜記》載：「媽祖到鹿耳門廟進香，回時莊民多備八管鼓樂詩意故事迎入繞境，喧鬧一天。是夜，禳醮踏火演劇鬧熱，以祈海道平安之意。」

現今台灣的進香活動，多得不勝枚舉，一年之中除了七月少有人進香外，其餘都可見到進香的隊伍，其中許多主要的神祇，由於進香的香陣多，活動頻繁，而形成特殊的香期，如媽祖香期、王爺香期、保生大帝香期、玄天上帝香期、哪吒太子香期，甚至還有八〇年代末期興起的土地公香期，再再顯示台灣進香活動的盛大與熱鬧。

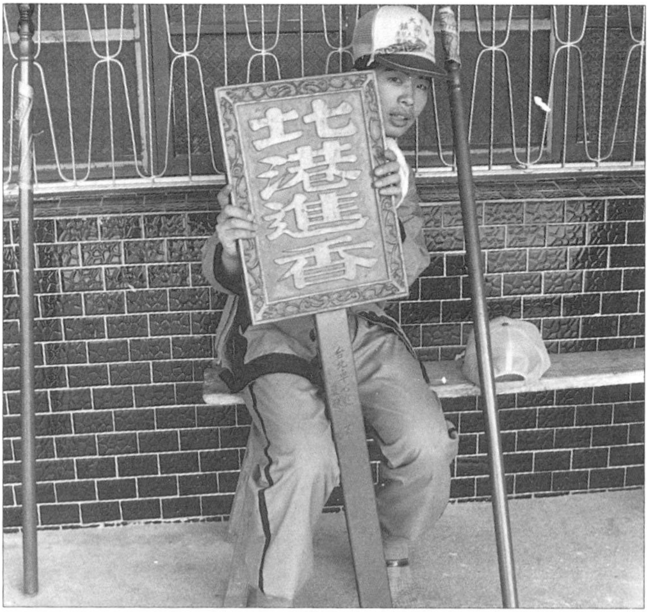

●台灣因地理環境特殊，自古進香活動頻繁。

● 每種香期有其不同的特色。

香期

香期乃因進香活動而生的專有名詞，香指進香或者刈香，期指時期，也就是寺廟熱鬧進香的時期之意。

台灣由於環境的特殊，早年治安不良，戰後又因政治的高壓統治，人民的內心無以寄託，使得民間信仰發展得特別蓬勃，主神眾多，信徒廣佈，每每神明壽誕之前，絡繹不絕的進香，形成了或大或小的香期。

由於各神祇的信仰圈規模不同，香期的大小與長短也不同，時間最長的屬媽祖香期，「自春初至（三）月杪，旗影鑾聲，相續於道，晉香之人，盜不敢劫，劫之恐神譴也。」（連雅堂《台灣通史》）。另一重要的香期則為五府王爺，由於主神的生日不同，一年中有四個香期，分別在四月、六月及九月，每個香期都長達十天以上，規模也相當龐大。此外，另有保生大帝香期、玄天上帝、哪吒太子香期、瑤池金母香期、關聖帝君香期、孚佑帝君香期，時間也都超過一個星期，參與的人數都在數萬甚至數十萬之譜。

●香期期間，各種進香隊伍和香客，往往把廟前擠得水洩不通。

媽祖香期

媽祖為台灣兩大信仰主神之一，信眾超過數百萬人，信仰圈遍及全島，且許多地方性的廟宇，為了穩固祭祀圈，紛紛採取多祖神的信仰模式，也就是同時在鹿港、北港、新港、台南等地的媽祖廟分香，以增強廟神的威靈。如此一來，每逢媽祖誕辰之前，就必須回每一座祖廟進香，加上參與進香者大多為鄉老婦女，平常較少有機會出門，進香活動也兼有旅遊性質，許多沒有分香關係的廟宇，也會順便一遊，使得媽祖香期參與的人最多，時間也最長。

清代便被記入方誌中的媽祖進香盛會，每年從新年期間便進入香期，每天都有數萬人次來回各地的媽祖廟進香，至三月以後，人數往往暴增至十數萬人。進香的祖廟以鹿港天后宮、北港朝天宮、新港奉天宮、彰化南瑤宮，以及台南、嘉義地區的媽祖廟為主。媽祖香期間，因有全程徒步完成的大甲媽祖南巡以及白沙屯媽祖進香，成為萬眾矚目的進香活動，每年都吸引數十萬人的參與，成為「三月猶媽祖」最典型的表徵。

●台北的媽祖香期，時間長而規模龐大。

●每年的大甲媽祖南巡（進香），爲媽祖香期中的盛事。

五府王爺香期

在台灣，唯一能和媽祖信仰互別苗頭的，僅五府王爺信仰一項。原本僅為瘟神崇祀的王爺，在台灣因受明鄭政權與清廷抗衡之影響，使得王爺脫離原本的瘟神角色，融入濃厚的政治色彩，自清以降，一直和媽祖併稱為台地兩大信仰主神。

由李、池、吳、朱、范等王爺所組成的五府王爺，為台地王爺信仰中的主流。此一神祇信仰的繁衍和發達都在本島，和中國的關係甚為微弱，主要的進香廟宇，大都集中在南鯤鯓代天府以及麻豆五王府，其中又以南鯤鯓代天府最為重要，被視為台灣王爺的總廟。

五府王爺因各姓王爺的生日不同，四月廿六日為李府王爺生日，隔天為范府王爺生日，因而形成第一個香期，長達十天左右；六月十八日為池王爺生日，之前七至十天為第二個香期；中秋節為朱王生日，香期約有六、七天；九月十五日吳王誕辰，從九月初起便進入五府王爺的第四個香期，熱鬧的情形僅次於第一個香期。

屬於武神的五府王爺，香期的特色是童乩、八家將特別多，昂首闊步，大力操使各種巫器的靈媒人物，不僅在每個香陣都可見到，所表演的各種巫術，更令人嘆為觀止。

●五府王爺的香期，主要集中在南鯤鯓代天府及麻豆五王府。

●童乩、八家將大會串，爲王爺香期最主要的特色。

保生大帝香期

保生大帝原為醫神，因拜早期台灣社會醫藥不發達之故，廣受到人們的崇祀，而由行業神轉為民間信仰中的守護神。

儘管保生大帝扮演的角色成功的轉移，然而祂並沒有涵蓋全台的祖廟，較重要的廟宇為台南學甲的慈濟宮以及台北大龍峒的保安宮。保生大帝的香期，也以這兩廟為主。

學甲慈濟宮例於每年三月十一日，舉行規模龐大的上白礁大典，乃是香期中的活動之一，不過是慈濟宮回中國祖廟進香的活動。至於本土性的香期活動，大都集中在三月十五日前三、四天左右，香陣的數量及規模雖無法跟其他神祇相較，但仍熱鬧異常。

無論是台北或是台南的保生大帝香期，都具有同樣的特色，為藝閣陣頭特別多，往往都成為各式藝陣的大競技場，相當值得一觀。而在香期結束前，兩廟也都會分別舉行過火典禮，以祛穢祈安，保佑善信身體健康。

●台南的保生大帝香期，重點是上白礁。

關帝君香期

關帝君在台灣的民間信仰中，由於宗教的不同，分別扮演著三個不同的角色：行天宮系統下的恩主公，乃源自於儒教；一般關帝廟供奉的關帝君，原為道教神祇；商市行號中供奉的財神爺關公，則隸屬民間信仰。不過現今都融入於民間信仰之中，成為人們重要的崇祀神祇。

除了角色的不同，台地的關公祭典也分三期：分別是農曆正月十三日、五月十三日及六月二十四日。台灣南部地區的祭典，較重五月十三日，北部地區則重正月十三日及六月廿四日。而行天宮系統的恩主公祭拜，祭期雖熱鬧，但分香廟不多，進香時期並不長，稱不上香期。主要的香期乃以關聖帝君系統為主，構成香期的廟宇，包括：宜蘭礁溪協天廟、花蓮玉里協天宮、台南市開基武廟及鹽水武廟等，其中又以礁溪協天廟的規模最大，廟方還例行春秋二祭，以武佾舞隆重祭祀關帝爺。

●關帝君的香期，以礁溪協天廟最熱鬧。

玄天上帝香期

玄天上帝是台灣民間信仰中，角色變異最大的神祇，明代原為航海之神，清代為剷除人們心目中的舊朝思想，大幅提昇媽祖的位階，成為航海人的守護神，玄天上帝遂被貶為屠宰業者的行神。

源自於方位觀念，代表北方之神的玄天上帝，雖然歷經過大起大落，在台灣卻擁有一定的信徒，每年二月底至三月初，許許多多的善信們，分乘遊覽車至南投縣名間鄉的松柏嶺受天宮以及台南玉井的玄天上帝廟進香，形成長約一個星期左右的玄天上帝香期。

神格屬於武神的玄天上帝，香期中最大的特色是童乩和宋江陣甚多，這些充滿力與美的陣頭，甚至是這個香期最為引人之處。另外，位於阿里山上的玄天上帝廟受鎮宮，每年在祭期前後，都會有一批疣斑蛾飛到神龕中進行交配，而被附會為神蝶朝拜，成為善信們廣為流傳的神蹟，這個特例，也可算是玄天上帝香期中的一個小插曲吧！

●玄天上帝的香期，於每年二、三月間。

土地公香期

土地公原為有特定轄區的行政神，其職務由玉皇大帝直接指派。民間傳說中，常有某人生前不斷行善，死後被指派為土地公的例子。因為祂屬不分香的神，原本沒有香期可言，台灣卻有兩個特例，一是車城福安宮，因歷史悠久，寺廟規模龐大，被譽為台地規模最大的土地公，而吸引許多善男信女前去進香；二是八○年代中期，大家樂賭風盛行以來，土地公也成為善信們求明牌的對象，不少土地公廟因而大興，台南縣白河鎮關仔嶺上的福安宮，也分香了許多土地公出去，而形成了另一個土地公香期。

民間例於二月初二及八月中秋祭祀土地公，關仔嶺的土地公香期，也就在這兩個祭期之前的四、五天；車城福安宮的香期，則在八月中秋之前。土地公香期新形成不久，熱鬧的情況，自然不能跟其他神祇的香期相比較，進香的隊伍中，也以神轎為主，較少其他陣頭，場面更遜色許多。然而，這個新香期的興起，正顯現了台灣海洋文化的特質：擅於吸收其他文化，並創造出獨特的新文化。

●台地的土地公香期，僅在關仔嶺及車城兩地。

刈香

台地的迎神賽會，除了最普遍的進香活動外，中南部地區的區域性活動中，另有刈香和繞境兩項迎神賽會。刈香也稱為割香，乃指大型的繞境活動。

刈香與進香最大的差別，在於廟宇位階的差異：進香指小廟回到祖廟的謁祖行動；刈香乃是大廟的神明，出巡境內各角頭，境內的各大小廟宇也派出香陣及神明參與，共同巡視神明所轄之地，以庇佑善信闔家安樂，各角頭寺廟靈感發達的大規模盛會。

台南地區的刈香，另有以下四大特色：一、由人羣廟（元廟、大廟）主辦，轄境內的角頭廟都來參加；二、繞境時間較長，都達三天以上，繞境的地區遼闊；三、香陣結構中有蜈蚣陣開道；四、定期或「經常性不定期」舉行，且具有較悠久的歷史。

其他地區的刈香活動，雖不見上述的特色，但大體而言，規模都相當龐大，動員人數都在數千人之譜，參與的香陣也達數十甚至數百種，熱鬧的情況自不可言喻。

●台南地區的刈香活動，大多有蜈蚣陣開道。

●刈香活動實爲大型的繞境活動，參與的人士眾多。

繞境

一般神明定期的出巡，或者不定期的迎神活動，其本質不具有進香的功能，也無刈香的特色或規模，都稱作繞境，或稱為遊行、遊境，南部地區則俗稱作「云庄」，意指繞行庄頭之意。

大體而言，繞境乃指由人群廟或角頭廟舉辦的小型迎神活動。屬於角頭性的廟會，活動時間通常在兩天之內，都以一天為最，香陣較少，場面較小的迎神賽會，全台各地都可見到，一般都在神明壽誕或特殊日子（如安座日）當日或前一日舉辦。其目的有二，一是出巡地方以求寧靜，二是通告角頭內信徒神明的盛會，要大家共同參與。

無論是繞境或刈香，早期所有香陣及神轎皆由人扛抬步行，近年則大多改由車輛代步，使得可觀性降低了許多。

●小型的繞境活動，大多爲角頭性的活動。

空巡

台灣的民間信仰，有許多地方充份表現出地理環境的特色，澎湖地區的空巡與海巡，便是典型的例子。

由大小六十幾個島嶼所組成的澎湖，公路可連接的僅幾個比較大的島嶼，其他地方都必須利用船或飛機做為交通工具，因而澎湖地區的神明繞境活動，也就發展出以空中巡視為主的空巡。

目前舉行空巡繞境的廟神，是馬公市觀音亭的觀世音菩薩。此廟建於清代，歷史悠久，信徒眾多，為澎湖地區媽祖廟之外的另一個人羣廟，長久以來，卻受限於交通不便，無法舉行全區域的出巡繞境活動。八〇年代中期，廟方終於決定以租用小飛機的方式，請神登機巡視澎湖全境，而創造出了全台唯一的空巡活動。

租小飛機空巡，雖然所費甚多，熱鬧陣頭和神轎也無法上機，但因宣傳得宜，效果不錯，該廟已經舉辦過好幾次，每每都受到善信廣大的歡迎。

●馬公觀音亭於八〇年代中期，舉行空巡活動。

海巡

海巡也是澎湖地區特有的繞境活動，乘坐漁船在海上巡境而名的海巡，雖然也是在八〇年代中期才發展出來，卻已成為澎湖地區最盛大，最重要的迎神賽會。

由歷史悠久，善信眾多的馬公天后宮主辦的海巡，基本的形式完全抄陸上的出巡繞境而來，只是路線改在海上，交通工具改用漁船，香陣的編制也同樣有前鋒隊、熱鬧隊和主神隊者，每年在媽祖誕辰之前，巡繞各主要島嶼，一方面庇佑善信平安，又能發揮媽祖為航海之神的特色，保護漁船出海平安，漁獲豐富，因此每年競相參與的漁船愈來愈多，熱鬧的情況更是年甚一年。

媽祖海巡活動全部要舉行兩至三天，主神從天后宮起駕，完整的迎神隊伍一路迎到馬公漁港，原班人馬連人帶轎分乘不同的船隻，再依序緩緩巡行海上，入庄出港時依舊鑼鼓齊鳴，鞭炮震天，壯觀的場面更令人感動。

●澎湖的媽祖海巡，乃因應當地特殊環境而生。

●許多漁船都自動前來參加媽祖的海巡活動。

●請火往往是大祭典中的一個小活動。

請火

迎神賽會的類型，除了進香與刈香，還有兩項一般而言規模並不大，甚至只是大祭典中的附屬性活動，意義卻頗為特殊的請火與請水活動。

請火主要的作用是到祖廟乞求香火，一方面表示認祖歸宗，同時也希望借著這個機會增添神靈，獲得更多的香火，目的和進香類似。一般而言，進香的規模最大，且為單一性的主要活動；請火往往是大規模祭典——如法會、建醮活動中的一個節目，規模都不會太大，人們重視的也僅請火這個意義，對於過程、香陣並不特別講究，但也有些地方，將進香稱為請火的例子。

請火也不同於割火，一般割火僅指進香活動中割引香火儀式，請火乃指完整的活動而言，包括行程、香陣、儀範與乞火的儀式。

請水

請水和請火都同樣是一種回歸祖神的活動。一般而言，請火乃是分靈廟請乞香火之意；請水則是廟宇向大自然的請乞活動。其目的及緣由有二：一是早年無法回中國進香，乃至海邊請水以示不忘祖神；二是向大自然請賜威嚴，感念上蒼的賜予之意。現今的請水活動，大多已和遙祭祖靈扯不上什麼關係，而是源自對大自然的感念，更為了「……請水神，賜予聖水，用以清淨道場壇宇。」（劉枝萬《台灣民間信仰論集》）。

●請水活動的儀式簡單，象徵意義隆重。

請水活動可每年或隔幾年固定舉行，也有許多臨時性的請水。請水時大都由法師主持，先行調集五營神兵護駕後，到了請水的時辰，則由法師或童乩率領人馬下河或海汲水，之後用涼傘護送上岸，安置在大轎中，一路鳴鑼奏樂迎請回廟中，放置在正殿中供奉，有些地方事後還要舉行拜拜，以為慶祝。

儀式簡單的請水，象徵的意義隆重，一直都深受民間重視。

宜蘭地區的生命禮俗中，也有人死後，必須到河裡「乞水」（請水）回家供喪者沐浴之俗，這個風俗更顯示人們對大自然的感念，視河水為聖水。

暗訪

迎神賽會的類型中，活動時間與目的完全和其他進香活動大異其趣的暗訪，現今已不多見，每年仍有例可尋的案例，僅台北大稻埕的霞海城隍爺暗訪與艋舺青山王暗訪。鹿港民俗節的暗訪活動，則時斷時續，全由主辦單位或神明決定。

歷史相當悠久的暗訪，原為司法神專用的迎神活動，乃是藉著黑夜中的暗自訪查，了解人們善惡與是非公道，因而舊時的活動都是「由香客扮飾劍童、印童、文判、武判、牛、馬、山、金、謝、范六將軍開道。停鑼息鼓，默默前進。」（王國璠《台北市歲時紀》），至太平洋戰後，社會形態大幅改變，暗訪活動一改過去不欲人知的情形，在活動之前便大肆宣傳，希望善信敬備香案以待，暗訪時沿途更以鞭炮相送，鑼鼓開道遊行於市街之中，熱鬧的情況不輸於白天的迎神賽會，因而，暗訪活動乃成了一種專門在夜間出巡的迎神賽會。

●暗訪活動於夜間舉行，主爲查緝人間善惡。

●澎湖外垵，例於元宵夜請瘟王爺暗訪。

●鹿港端午節的暗訪，規模龐大。

迎神事宜

無論是進香、刈香或者繞境出巡，不管是例年性的活動，或者臨時性的活動，透過神明主動的指示，或者搭天台請示得知迎神的性質、日期以及地點後，廟方人員必須全體總動員，做好迎神賽會的各種準備工作。

諸多迎神事宜中，首要的莫過於決定規模的大小，一般寺廟大多量力而為，除非有特別重要的事件，或得到重大外力的支援，才有可能舉辦超越廟宇格局的大活動。確定了活動的規模，乃就現有的人力進行各種編組，大體分聯絡、總務、服務、祭典、交通、宣傳、收付……等單位，不足的人力就得在村中調用，每個人都有明確的任務，且必須在規定的時間內完成，否則延誤了迎神賽會，責任之重大沒有人擔待得起。

廟方同時也要開始依廟的章程組織，勸募丁口錢，或者央請境內的企業行號樂捐，取得主辦活動的財源，以利活動順利進行。

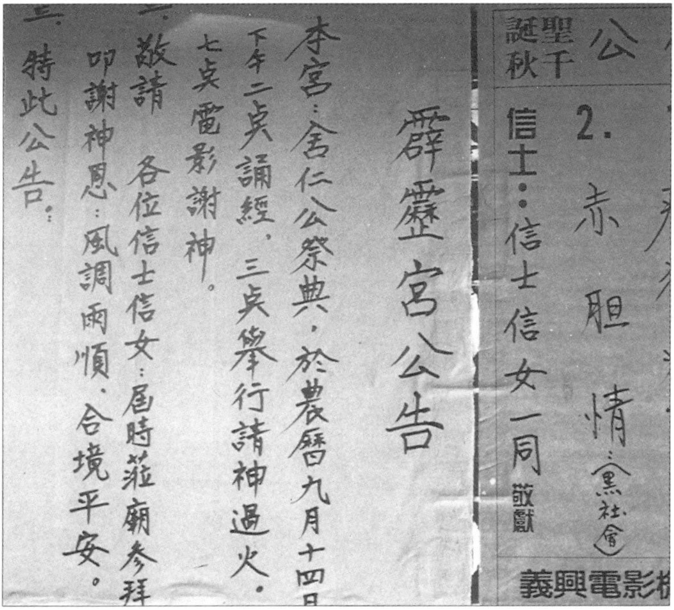

● 迎神前準備的工作頗多，張貼佈告是其中一項。

天台

天台或稱天台桌，為迎神賽會時，臨時搭設，用以祭請玉皇大帝或主神的神案，都於活動前搭設，任務完畢即行拆除。

由於各地迎神賽會的緣由不同，許多寺廟或按往例舉行，或由神明降乩指示，並不需要設置天台。僅在台灣中部地區，較常見此例，其中又以彰化南瑤宮進香及鹿港暗訪最具代表性。「置天台祈求媽祖答允前往笨港進香是南瑤宮行事特例之一。南瑤宮媽祖於是年是否前往笨港進香，循例均擇於農曆正月十二日午時前，於本宮設置兩層供桌……」（李俊雄《我所知南瑤宮一些事》）；而鹿港於每年端午時期的民俗週前，主辦的廟宇大多會在廟前設置天台，供奉玉皇大帝，主要的功用是請示能否舉行暗訪，以及暗訪的時間、經過路線等。若獲得允許，則暗訪前每個藝陣神明，都得到天台前領旨，活動結束後，再回到天台繳旨，以示活動順利圓滿。

●天台乃是祭請玉皇大帝的神案。

迎神榜示

迎神事宜經過人員的編組與任務分配後，宣傳組的人必須立刻設法將消息向村民公佈，以便大家及早準備，共同參與此次盛會。

傳統的寺廟宣傳方法，大體只是在廟前張貼迎神榜示，紅紙黑字寫著本廟定於某月某日，要至某廟進香或出巡繞境，請境內善信共襄盛舉云云。由於舊時寺廟為村中最主要的活動據點，只要榜示一貼，消息馬上傳遍全村，村民們莫不紛紛忙著為了這個活動而準備。現代社會資訊發達，人們甚少到廟裡尋求資訊，迎神榜示不只要貼遍村中大街小巷，甚至還得印製成小傳單，散發到每家每戶的信箱中，才能達到宣傳的效果。

有些規模較大，組織完整的寺廟，對迎神活動的每個細節都相當重視，張貼榜示要由負責進香的爐主或大總理揭榜後，才能張貼，顯示

小小的一張榜，在傳統的迎神賽會中，仍相當受到重視。

●現代人愈來愈懂得用精美的海報，宣傳迎神賽會。

通達

迎神賽會除了主辦寺廟要做許多準備工作，更需要其他許多相關寺廟的配合，主廟必須事先通知對方，便央請協助，才能讓活動順利展開。

依活動性質的不同，需要配合的寺廟也不相同。進香活動，需要通達的寺廟包括祖廟以及沿途要停駕休息或者駐蹕的廟宇；刈香或繞境，通達的對象則僅包括繞境範圍內所有的大小廟宇而已。

為了表示禮貌及誠意，通達必須派專人前往，一方面告之活動的時間、方式，同時也協調食宿、飲料……等補給事宜，更重要的則是請對方派出神轎陣頭出來接香，並一路燃放鞭炮助威，以免過於冷清，不大好看。如果是繞境暗訪活動，關係的大多只有境內的各角頭廟，主辦的單位往往就改以召開協調會的方式，請各廟負責人到大廟一起開會，同時解決各種聯絡、食宿以及多少陣頭、神轎參與……等諸多問題。

●無論進香規模大小，都得先通達預定前往的寺廟。

貼香條

迎神賽會前的聯絡、協調事宜都準備得差不多以後，在活動之前半個月或十天左右，要派專人沿進香或繞境路線張貼香條。

香條乃指進香活動的告示紙條。貼香條的目的，是公告周知沿途的善信，某月某日什麼神明會經過此地進香或者繞境，希望善信們擺設香案迎接。因此貼香條的地方，迎神隊伍一定要到達，「貼香條要慎重，不能亂貼，故以持頭旗的人員來貼香條較為適合。」（郭金潤編《大甲媽祖進香》）。

早年貼香條，每逢入村出庄都要貼，轉彎的路口、村庄的角頭廟前，也都是必貼的重點地區，至於目的地的祖廟，更是不能省略。近年長途的進香繞境活動，大多改用汽車代步，沿途經過的地方都不停留，貼香條的作用已失，加上現代人過於忙碌，許多人乾脆在神明進香之時，派一部車子邊走邊貼，香條貼到祖廟，神也抵達了。

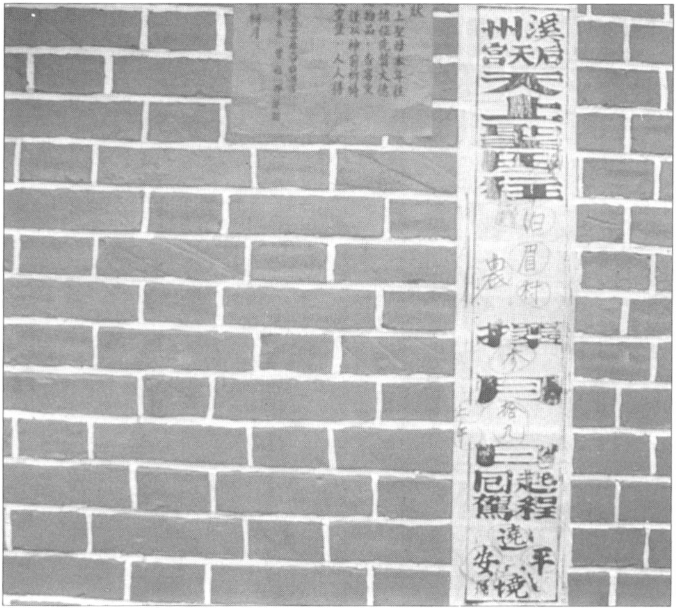

●香條，都於進香之前張貼妥當。

香條

無論是每年例行的進香繞境，或者臨時舉行的迎神賽會，在活動之前的貼香條，一直被視為最重要的預告行為。

香條大多以黃色或紅色的紙為材料，長約一百公分，寬約十五公分，上書「某地某廟某主神（及配祀神祇）涓某月某日往某地某廟進香（繞境）閤境平安」等字樣，早期每一張都是用毛筆書寫的，晚近則紛紛改用印刷品。台南市大天后宮的香條，至今仍用木刻版沾墨蓋印而成，相當特殊而彌足珍貴。

香條必須張貼在神明所經之地，大多為斜貼，香條腳斜向左方，表示進香隊伍將由右向左行進，反貼亦同，停駕地點的香條，以直貼表示。近來較少人守此規定，或有香條上劃箭頭以示行進方向的。

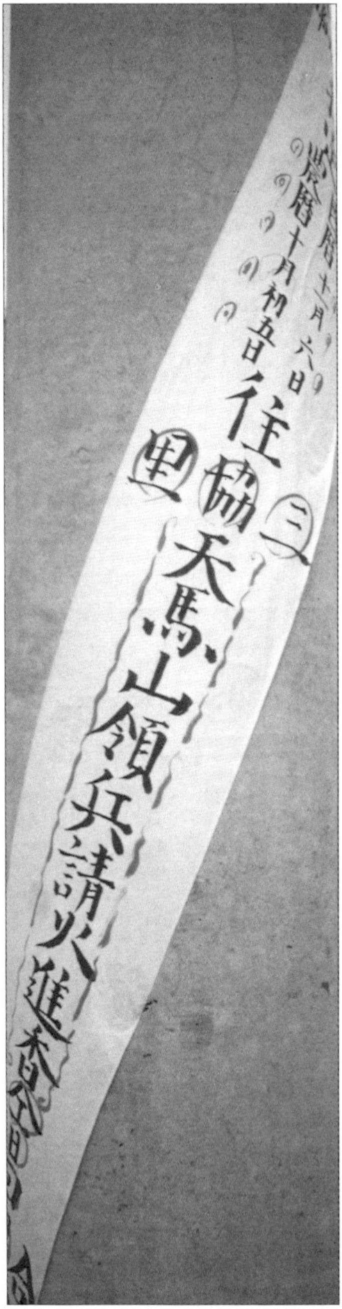

●香條張貼的斜向，表示進香隊伍前進的方向。

起馬宴

進香或繞境事宜，經過嚴密的籌劃，準備工作大致就緒後，正式出發前幾天，有些廟會準備豐富的起馬宴，宴請各組的工作人員以及地方人士。

起馬宴基本上是活動前的一次正式聚餐，其目的有三：一是慰勞所有工作人員在籌備期間的辛苦，表示感謝之意；二是就還沒解決的困難、問題當場提出來，以尋求最後的解決之道，以利活動順利推展；三為預祝順利圓滿完成。

算不上是迎神賽會制式活動的起馬宴，卻有凝聚共識、團結一致的激勵作用，只要處理得宜，效果相當良好，因而有愈來愈多的寺廟，在正式活動之前都會準備起馬宴，為每一位工作人員打氣。

●正式活動前的聚餐，含有多重意義。

換袍禮

進香活動，民間俗稱為回娘家，分靈的神要回娘家，特別感到興奮，行事也特別慎重，換袍禮便是其中一項耐人尋味的活動。

就如同一般人，出門拜訪親友，要特別換一件新或乾淨的衣服，換袍禮正是神明進香之前，更換新衣服的儀式。穿衣、換衣本是一件非常私密性的事，換袍禮一般也僅由特定的幾個人參加，且嚴守性別的分際，也就是男神由男性更換，女神由婦女換衣。

換衣時，大多在正殿神龕中進行，為保持私密，神龕上的布幕都會拉上，更衣人員事先需齋戒淨身，攜入新的衣服，三兩人負責脫衣更鞋，然後馬上穿上新的神袍，前後不過幾分鐘時間，且外人絕無機會見到，換新添增喜氣的作用卻已達到。

十足表現出人性化一面的換袍禮，並不是每廟每神出巡都要舉行，而視該廟神是否有這個傳統而定。

●許多神明出巡之前，須行換袍禮以示隆重。

●必先淨轎之後，才能將神請入轎中。

淨轎

無論神明出巡、繞境、進香、暗訪，都必須利用各種神轎，做為臨時的行宮；為了避免這些久置不用的神轎被邪魔外道入侵，污損正神的威靈，正式請神明上轎之前，先要行淨轎儀式。

淨轎也就是清淨神轎之意，清淨的方式繁多，有人請法師道士施符施咒，逼使妖魔遠去；有人請童乩解祭，還來神轎清淨；也有請來僧人女尼誦經灑淨……等各種方式，只要可以達到目的便可。

神轎清淨只是一個非常小的活動，卻不能省略，淨潔後的神轎，則必須派專人守護，不允許閒雜人員接近，尤其是害怕帶孝或月經來潮的婦人再次污穢神轎，因而大多把人羣隔離，直到主神移駕安座轎中，或者是直到活動結束，神明請出神轎為止。

●一切準備妥當，等到良辰到來，便可起駕。

起駕

漫長的準備與等待之後，慢慢地終於逼近神明進香或刈香預定出發的時間了，這時候廟裡廟外往往是萬頭鑽動，人人興奮莫名地期待主神起駕。

起駕也稱起馬，就是正式出發的意思，代表整個活動正式開始，民間都必挑選良時吉刻起駕，自然也相當重視時間的掌握，有些特別慎重的廟宇，甚至要求分秒不差，更顯現起駕時辰的重要性。

隨著起駕時刻的到來，每個人的情緒也都到了沸點，終於主辦單位宣佈起駕，虔誠者莫不自動跪在地上，嘴裡大聲喊著：「進噢！進噢！」，廟內則鐘鼓齊鳴，廟埕上嗩吶鑼鼓聲起，爆竹聲連綿不斷，各種煙火花炮隨之響起……所有的熱鬧與喧囂，無不是為了襯托主神轎緩緩出發的莊嚴與盛大。

擺香案

無論是進香、刈香或者繞境，在迎神隊伍到達之前，所經沿途的居民，大多會事先備妥香案，以示迎接兼祈求平安。

香案乃指香爐和桌子，也就是特別設置用以供神的地方。迎神的性質不同，信徒擺設的香案也不大相同，建醮拜拜時擺設的香案等較為盛重，包括三牲祭品等；大型進香或刈香活動，沿途居民大多以清茶素果供奉，晚近則有許多人家喜歡插兩瓶花或者將盛開的蘭花擺在香案上，以便「香氣迎人」，有些較虔誠的人家，還會特別播放扮仙音樂以迎接神祇。

每有神轎經過香案前，持香禱祝的婦人必趨前將一支線香交給轎夫換香。至主神轎抵達，所有人皆跪地拜禱，並燃放鞭炮以示慶賀和迎接。

●大甲媽祖繞境，沿途所經之地，善男信女都擺香案以爲迎接。

▼四轎沿著香案祛穢，以回報擺香案的人家。

◀簡單的香案，卻充份表現出人們虔誠的心意。

換香

民間信仰中，自古便有香火傳遞的觀念，除了代表支支相傳、永續不滅外，更有透過香火的交換，以傳遞神威，感應神靈，庇佑家宅的意義。

迎神賽會之際，擺置香案的人家，人人手上都會持香膜拜，他們也會要求將手上的香插在神轎的香爐上，同時拔取一支原插在神明爐前的香，插在家神的香爐中，這個過程，稱為換香，主要的目的是傳遞神明的靈感，永佑家宅平安興旺。

由於膜拜、插香、拔香的過程耗時費事，每一頂大轎旁，大多會設一人專門為信眾們換香，如此一香換一香，雖然根本沒有機會插到神轎的香爐中，但換香的意義已達，善信們仍相當樂於接受。

●人們透過換香，以祈得到神靈的感應。

鑽轎腳

迎神隊伍通過擺設的香案前，善信們莫不紛紛持香跪禱，更有一些自認運氣不好或其他困擾的人們，跑到大轎經過的路上，伏跪在地，請求神轎從頭上背上抬過，謂之鑽轎腳。信徒廣佈的人羣廟主神出巡，經常可見到數十人甚至數百人列隊等待鑽轎脚的盛大場面。

大體而言，鑽轎腳分動、靜兩種，前者指神轎固定放在高的轎凳上，人們自轎底匍匐爬過；二是人伏跪在地，神轎由人抬著自背上通過，兩者的作用都是請神淨身祛禍，消災降福，每有較大規模的迎神活動中，都可見到信徒們接二連三的鑽轎腳。

鑽轎腳除了由人親自鑽過，也可由個人所穿的衣服代替。民間俗信，衣物可代替一個人，自己不克前來，用衣物以祈消災祛禍，具有和真人同樣的效力。

●爬過轎底也算是鑽轎脚。

●善信們鑽過轎腳，請神消災祛禍。

接香

廟神出巡或進香途中，常會碰到關係密切的寺廟，一般也都會藉著這個機會前去拜訪或巡境，地主廟無論神格較高或低，為了表示禮貌以及歡迎之意，都必須到村庄入口之處接香。

接香就是接待香陣之禮，地主廟可請童乩、八家將、陣頭、土地公或副神負責接香。事先就得到達預定的地點守候，待香陣到達，接香者要一一向頭旗、陣頭、班役拜會之後，還必須親到主神轎前向來訪者行禮致敬後，再由接香者擔任前導，帶領香陣到地主廟。

由於接香者不同，接香禮也各不相同，童乩以操五寶為禮、八家將擺陣以迎接，陣頭則要開陣接禮、土地公或其他神明，則以三進三退大禮迎之。做客的陣頭或神明，也要以相等的禮節回報，才不會失禮數。

如果是大規模的刈香盛會，地主廟並不一一到庄頭接香，而是改在廟前向每個陣頭答禮，這也可算是一種變通的接香。

●接香是進香的基本禮節。

拜廟

地主廟派出陣頭或土地公等神祇，在入庄之所接香後，一般而言，迎神的隊伍都會跟著接香者，來到地主廟前巡境或者會香。

無論是巡境或者會香，每一個隊伍、陣頭到地主廟前，都必須行拜廟之禮。拜廟也就是參拜廟神，依拜廟者地位的不同，拜廟之禮也大不相同：代表神明的頭旗、黑令，視拜廟者和地主廟位階高低，或行點頭禮，或行三進三退大禮；班役、繡旗大多僅點頭致意；各式陣頭都要擺開陣式，行拜廟之儀；童乩要操五寶見血以面聖；八家將以七星步拜廟；大轎的主神地位，若和地主神相差不多，也需以隆重的晉廟之禮，表示隆重和謝意。若是大神巡境，則僅在廟前繞過或短暫停駕，表示尊重、知道、領會之意。

如果迎神隊伍並不打算在此廟休息，拜廟儀式一般較為簡約，若要會香或者停駕、駐蹕，拜廟之儀則相對隆重許多。

●各式陣頭到廟前，都要擺陣以拜廟。

●會香可結合更多的寺廟，壯大迎神賽會的聲勢。

會香

刈香或繞境活動，除了活動主辦的廟宇，常需要境內其他寺廟的共襄盛舉，對於神格較低的廟宇，主辦者自可要他們到指定的地點集合，以利行動；若是神格較高，地位較崇高的廟神，主辦者為了表示誠意與禮貌，大多採會香的方式，邀請該廟共同參與刈香繞境。

會香也就是兩者會合之意。主辦廟宇集合了一定的香陣，再將大隊的人馬，浩浩盪盪地帶到另一座大廟，行過拜廟之禮，並短暫停駕後，再出發時，該廟的陣頭、神轎也加入迎神行列，一同繞境或刈香，是為會香。

除了刈香繞境，也有其他許多會香的例子，如兩廟會香之後，再一同到祖廟進香，相傳早年大甲媽祖到北港，就是為了會香之後，再一起回祖廟進香。

駐蹕（駕）

神明出巡或繞境，時間若超過一天以上，必須在外面過夜，無論神明選擇在什麼地方落腳，都稱為駐蹕或駐駕。

駐蹕為古代的名詞，封建社會的帝王出行，在途中停留暫住就稱為駐蹕，民間認為神明之崇高可比美古時的帝王，因而將駐蹕之詞借用在神明出巡之上。駐駕則是指神駕暫駐之意，為現代的用語，一般都應用在神格較低的神明。

無論是駐蹕或駐駕，出巡的神明大都會選擇神格較低的角頭廟，一方面表示大神的照應；角頭廟更因對大神的景仰，非常熱烈歡迎，並被認為以後香火一定會更加興盛；當地的善信更因大廟的大神光臨，感到光榮及福氣，莫不把握著這個難得的機會，競相到駐駕的廟前祈神庇祐。

駐蹕或駐駕，最大的特色是會將主神請下轎，暫奉在廟中的神龕上休息，第二天早上要出門時，再請回神轎，但若駐蹕在人家家中，大神是不請下轎的！

●駐蹕表示停留過夜之意。

停駕

神明出巡在外，除了過夜性的駐駕，其間還會有許多停留，如早餐、午餐、人員休息、等待以及信徒要求等等，都可能在寺廟、民宅甚至在荒山野道做一、兩個鐘頭以下的短暫停留，稱之為停駕。

停駕和駐駕最大的不同之處是：無論停駕多久，主神並不請下轎，依舊待在大轎上供善信膜拜。

由於駐駕必須勞師動眾準備各種接待事宜，大多需事先安排，停駕不過是路過順便走訪性質，除了餐點和飲水的供應（有些甚至連餐點都不必提供），其他並不需要特別的安排，自然較駐駕容易實行，甚至虔誠的民眾若需神明停駕在屋前，以祈神光感應，也可以在路上擺設香案，準備好轎凳，待神明經過時，率領全家持香跪地祈求，大多數的神轎，遇到如此虔誠的信徒，也都願意做短暫的停駕，供善信膜拜祈求，並添香油錢或者金牌。

●神轎停駕在馬路上，供各方善信朝拜。

▲白沙屯媽祖進香，信徒要求大轎停駕在家門口。

◀停駕在廟埕上的武轎。

轎凳

進香或刈香盛會之中，大轎是不可或缺的重要角色，這種神靈乘坐的轎子，在路途中或到祖廟，都必須暫時放下休息或請神入殿，而神轎又為神靈之物，不得隨意放置在地上，以免遭惹汚穢，因而在大轎和地板之間，必須另墊一物，以示隔絕。

轎凳便是墊在大轎之下的專用物品。狀似長板凳、矮腳、通體漆紅的轎凳，一般都隨轎出行，轎到何處，便有人將它們帶到何處，神轎若要休息，則趕緊將他們擺在地上，供大轎暫泊。

較大規模的進香活動中，也常可見到許多民眾在擺設的香案前準備兩張長板凳，供作轎凳，請求神明在香案前暫歇，相傳可獲得神明特別的保佑。如果遇到特別的情況，沒有轎凳而大轎想休息的話，也可以在地上舖上金紙為墊，權充轎凳之用。特別慎重的人，使用轎凳時也會墊上一疊金紙，以示隆重，同時也兼有襯平的功能在內。

●轎凳乃神轎專用的凳子。

●入廟的儀式，最爲隆重。

入廟

進香隊伍歷經種種的過程，回到祖廟之後，得舉行許多儀式，才算完成進香活動。

無論是利用什麼樣的交通工具，進香隊伍抵達祖廟前兩、三百公尺甚至更遠之前，所有的人員、神明和神轎都必須下車步行，舉行入廟儀式。

入廟乃指進入祖廟之儀，基本的儀式雖然跟一般的拜廟相當近似，但所有的禮儀更為隆重，童乩和八家將紛紛瘋狂起童，所有的陣頭也輪流到廟前表演一段精采的節目，主神則行隆重的三進三退晉廟之禮，然後將大轎停在大殿之前或天井內，然後再請神明晉殿。

民間重視的時辰觀念中，入廟的時間也相當的重要，雖不致於像起駕的時辰要求到分秒不差，但錯過入廟的良辰吉時，往往會被認為喪失大好機會，甚至被視為不吉。

晉殿

神轎入廟之後，轎夫或其他工作人員，接著要請神晉殿，也就是請神進入大殿，親近祖神歸宗認祖，同時也感染祖神的威靈。

工作人員小心地拆下綁住神和轎的紅布條，其他的善信早在轎前排成一排，一尊尊的神明就透過他們的手，順序傳進廟裡，每傳一尊，他們的口裡就大聲喊：「進噢！」，此起彼落的「進噢！」，構成一幅熱鬧的景象。

神像在過爐之後，就可以傳進內殿。規模較大、信徒廣眾的祖廟，為了方便「管理」這些神明，且為避免遺失，內殿大都以鐵窗圍住，僅留一小口供神像進出，晉殿時內有工作人員將每尊神明都清楚登錄，掛上號碼牌，並發給領取的號碼牌，回駕時必須憑此號碼牌領回神明。

一般而言，神明晉殿需要繳一定的「管理費」，少則三、五百，多則四、五千，視廟的香火、規模與規定而有所差別。

●神明晉殿，善信們在一旁喊著「進噢！」。

過爐

過爐是民間信仰中最常見的宗教儀式之一，無論是分靈廟回到祖廟謁祖；角頭廟到大廟進香；或者家庭供奉的神祇奉回廟中，入廟和出廟之際，都必須從天公爐上通過，也就是所謂的過爐。

台灣地區的大小寺廟以至於家庭神壇，大多在門外或廟埕設有巨大香爐，以祭祀玉皇大帝，名為天公爐，為寺廟佛殿權威的象徵，神明進出時，都得從爐上通過，俗謂出廟則增顯神力，入廟則祛盡邪靈。

● 過爐傳可祛邪靈、增神力。

過爐時並沒有特殊的儀式，大多一人捧一神像，自爐上通過，也有善信們排成一排，神像自每個人的手中傳過，通過天公爐，大夥還熱切地喊著：「進噢——進噢——」以祈進旺進財進吉祥！

割火

進香的目的一方面是為了回到祖廟進謁祖神，向祖神請安；同時也希望割引香火，帶回分靈之所，以增添神的威靈與香火。

割引香火的儀式，俗稱為割火。一般性的割火儀式，乃是將香擔挑到祖廟的香火爐處，由祖廟的主事者將祖爐的香火（炭火）引出，交由分靈廟的人員，放入香擔中，再將香擔中的香火，取出一些放回祖爐中，表示祖神和分靈神兩相交融，共顯神威，香火源源不絕之意。

早年大甲媽祖至北港進香之期，第四天最重要的行事就是割火。舉行這儀式還頗具神秘性，不僅廟中不允閒雜人員停留，還要緊閉大門，以示清淨，「割火的儀式早年也是兩廟香火相交，但後來改變只要將香火灰連續六次舀入小火爐，即將小火爐抬入『香擔』的小木扉內，請和尚用封條將木扉貼封。『香擔』即先離開朝天宮……」（郭金潤編《大甲媽祖進香》），這項特殊的割火儀式，於大甲媽祖轉赴新港之後，便再也見不到了。

●割火是進香最重要的儀式。

祝壽

進香活動之中，有些地方會為主神舉行祝壽大典，合兩廟神之善信，共同祝賀神明萬壽無疆。但一般的進香活動，進香都在神明誕前，且進香廟和祖廟的地位相差甚殊，此例並不多見，僅大甲媽祖的繞境進香，每年都舉行祝壽大典，早已成為重要的儀式。

大甲媽祖的祝壽大典，無論在北港或新港舉行，都相當隆重。祝壽大典當天一大早，十數萬善信都擠在媽祖廟前，場面相當壯觀，廟前還擺了許多神豬和麵豬、麵羊，「典禮前，奉天宮內殿全部清場，香客信徒都不得接近，鎮瀾宮全體董監事和進香團頭、貳、叁香進入內殿各就各位。八時整，司儀高喊『典禮開始』，敲鼓鳴鐘，由鎮瀾宮董事長王金爐擔任主祭。在誦經團誦經、獻豬羊份、疏文及完成祝壽儀式後，王金爐再擲筊杯擇定媽祖回駕起程時辰，祝壽典禮歷時一時廿五分完成。」（郭金潤編《大甲媽祖進香》）。

●祝壽大典所用的神豬。

●成千上萬的善信，擠在廟前參加祝壽大典。

回駕

完成了割火、祝壽或分香種種儀式後，進香的任務算是完成了一半，神明必須將祖神的香火帶回廟裡，才算完成使命，因此回程也相當受到重視。

無論神明在祖廟停留的時間長或短，是停駕還是駐駕，回駕的時間大多在祖廟中擲筊或透過神明指示決定（現代人較為忙碌，許多進香隊伍在出發前便決定回駕時間），時間決定了之後，也不得耽誤，事先所有的工作人員需將準備工作做好，並將神明請出內殿，安座在神轎上，各種陣頭則紛紛擺陣表演，童乩起童向祖廟辭行，等到回駕的時間一到，廟裡廟外鑼鼓齊鳴，鞭炮聲震天，隨香的信徒更紛紛喊著「進噢！」或者「返來」，熱鬧的景況令人難忘。

回駕的隊伍出了祖廟，一切都恢復正常，早期的善信要面對的是漫長的回家旅程，現代人則紛紛搭上各大小車輛，神轎也上了卡車，回駕之路自然輕鬆容易多了。

●神轎回駕，更是一段重要的旅程。

●大甲媽祖的頭香、貳香，在活動之前便已決定。

搶香

神明進香的目的，除了回謁祖神，更重要的乃在於增進威靈，以服信眾。民間普遍也認為剛自祖廟返駕的神明最靈感，如果能夠第一個上香，不只可獲得神明最多的庇佑，更表示幸運吉祥降臨，搶頭香或插香的活動乃應運而生。

無論搶頭香或插頭香，是指神明回駕時，第一個上香拜拜者，大甲媽祖南巡、白沙屯媽祖進香、東山迎佛祖……等許多活動都有搶頭香的慣例，至於誰將獲得這個機會，各廟處理的方法卻完全不同，大甲及白沙屯在事先便透過公開擲筊的方式，決定頭香、貳香、叁香分屬那個人或那個單位，獲得此機會者大多為機關團體，添一筆可觀的香油錢自是免不了的。其他地方的搶香，至今仍保有看誰動作快者，東山迎佛祖便是一例。

搶轎

帶著祖廟最新乞來的香火，回駕的神轎一直被認為最靈驗，民間除了在回駕的路上搶香，另有搶轎的習俗。

所謂搶轎，並非真的把轎子搶走，而是以武力或者人多勢眾之力，強行要神轎繞行到某個地區，接受當地信徒的膜拜，並把新添的靈感，分一些給當地角頭。一般而言，搶轎者大多是某個地區民眾，再三要求迎神隊伍經過該地區，迎神隊伍卻因路線安排、時間等因素無法配合，該地區的人士無計可施，只得出此下策，當然，人們願意搶的轎，主神的香火、靈感一定得到相當的程度，地方人士才肯冒著發生衝突的危險，進行搶轎。

以武力進行的搶轎行動，雖表現出信徒的需要與熱情，但每每發生糾紛，兩派人士一言不合大打出手，嚴重者甚至還鬧出人命，為了避免類似的事情發生，甚至必須靠警察的力量來維持秩序。

●為預防搶轎，轎前轎後有許多人保護。

2／香陣隊伍

香陣

無論進香、刈香或者繞境，都必須透過寺廟或者祭祀組織（晚近也有由鄰里長召集的例子），組成一個隊伍同行，參與這個隊伍中的，有團體、也有個人，無論規模大小，都統稱為香陣。

香陣原是指參與進香的陣頭，後範圍擴及參加活動的每一個人。由於組成與功能的不同，一個香陣大體由前鋒隊、熱鬧隊及神明隊三個單位組成。前鋒隊指在前清道開路，公告周知的人員，如開路鑼（鼓）、報馬仔、頭旗、路關牌……；熱鬧隊則為增加熱鬧而設的，包括各種陣頭、藝閣以及共襄盛舉參與盛會的其他神轎；神明隊乃指主神轎以及其排場，如哨角、繡旗、班役、捕快、主神轎、芭蕉扇以及亦步緊跟在後的隨香信徒們。

各地迎香的規模不同，香陣的規模大小，往往以熱鬧隊的多少決定，陣頭、藝閣愈多，規模自然龐大，反之可能一個熱鬧陣頭都沒有，但仍不能省略前鋒隊及神明隊兩個單位。

●參與迎神的隊伍，統稱爲香陣。

●前鋒隊主要扮演開道的角色。

前鋒隊

迎神賽會中的前鋒隊，在整個隊伍中佔的份量相當少，又缺乏吸引人們的重點，因而常被人們所忽略，卻是任何香陣中不能缺少的一環。

大體由香條、路關、報馬仔、先鋒官、開路鑼鼓……所組成的前鋒隊，依香陣的規模以及各主神的神格，成員或多或少，多者可達十幾項類，少者僅一人在隊伍前敲鑼開道，他們在肩負前導任務的同時，更具有驅邪逐煞、掃除妖氛的功用，有些隊伍邊前導邊分發平安符，目的就在於此。

前鋒隊基本上不表演，不執行任何儀式，隊伍還沒出動前就必須先打點許多事，並安排好一切行進事宜，隊伍抵達目的地，大家的焦點都集中在熱鬧陣頭或主神隊伍時，他們卻已功成身退，成為觀眾的一員。

報馬仔

台灣人有句罵人的話叫：「報馬仔」，意指通風報信或向官府打小報告的小人；迎神賽會中也有「報馬仔」，卻指走在迎神隊伍前，一路敲鑼報訊的特定人物。

每個地方或每座廟的「報馬仔」造形不盡相同，大多身穿破舊或補丁的衣服，打赤腳或穿草鞋、布鞋。大甲進香隊伍中的報馬仔，甚至褲管一高一低，一隻腳上還貼著膏藥，頭上則戴頂草帽，肩上扛著一木棍，一頭肩豬腳、韮菜，另一頭掛小鑼，供報馬仔敲鑼報訊，另也有的報馬仔，身背有雨傘、水煙斗以及其他物品，為吸引人們的注意，他們莫不挖空心思，打扮得千奇百怪。

一般而言，走在進香隊伍前數百公尺的報馬仔，主要的功用是通風報信，沿途敲鑼打鼓，告訴信眾什麼神明進香繞境的香陣馬上就要到達此地，民眾當街曝曬衣服者應立刻收起，以免對神不敬；同時也勸導善信擺置香案，迎接主神。一方面增加繞境進香之聲勢，同時也可祈求神明庇佑全家平安。

●艋舺迎青山王的報馬仔。

●乞丐打扮的報馬仔，胸前的金牌是善信送的。

報馬與報兵

各地的報馬仔，儘管扮相不同，身上所帶的配件也有所差異，但他們所扮演的角色以及名稱都相當類似。台南學甲的慈濟宮，卻另有一套在前報信的編制，分為報馬及報兵。

學甲的報馬乃是由一頭黃牛扮演，頭上綁有兩隻春花，顯然牠原該是一匹馬，因台灣不產馬，用黃牛替代而成慣例，至今年以牛扮成報馬，甚至已成一大特色。

報兵則是走在報馬之後的帶刀護衛，乃是指專門通風報信之士兵，「一組三人，兵器不一，但皆木製，多由學童執拿扮演，……一般叫『報兵』，功能近似『報馬』。」（黃文博《跟著香陣走》）。

報馬和報兵，主要的功能同樣是報訊傳息，他們和一般報馬仔最大的不同是武裝的扮相與特質，自然也兼具斥候的功能。

●學甲上白礁以黃牛為報馬。

透青竹

透青竹乃指從頭到尾都保持完好的竹子，寓意有始有終，因而常在民間慶典中出現。早年報馬仔肩上扛的竹子，必須是一透青竹，後因行動不便，才改為竹截。此外，至今仍有些地方迎神賽會時，隊伍之前有一人扛著透青竹在前導行，竹上並掛有長生肉，可視為另一種形式的報馬仔。

也常被應用在豎燈篙，或是婚禮迎娶隊伍中的透青竹，在這兩種場合出現的都較大而長，迎神賽會出現的較小而短，但同樣都必須留下竹頭，最好還有一些竹莖，表示好的開頭，竹尾則要連枝及葉，且愈大愈好，表示愈尾愈發。民間以竹象徵好頭好尾，主要的理由是竹子一直都是正直的表徵，不會彎彎曲曲，又不會分枝，免得枝節波折，如此事事皆能順利圓滿，皆大歡喜。

● 透青竹本身含有許多寓意。

長生菜與長生肉

報馬仔扛著的透青竹，上面除了掛了掛鑼以為報信之用，最特殊的便是一把韮菜和一塊豬肉、一個豬腳。

韮菜一直都是天長地久的象徵，民間喜慶壽誕的場合常可見到，迎神賽會中則叫長生菜，自有祝賀神明萬壽無疆之意。豬肉和豬腳則謂長生肉。民間傳說謂：豬肉是特別準備來應付路上的惡犬用的，遇到凶惡糾纏的野狗，丟下一塊肉最好解圍，其實它真正的作用，是應付凶神白虎，丟下豬肉給牠嚐，以免危害進香隊伍中的人與神。

豬腳本就寓有勇健之意，相傳早年信徒為了鼓勵報馬仔善走勇健，特別贈與豬腳，報馬仔特別掛在透青竹上，後來漸成風俗，報馬仔出發前，廟裡要特別賞給他一個豬腳，祝他勤走善走，以盡報馬仔的任務。

長生菜和長生肉，雖都只是象徵性的東西，寓意卻相當耐人尋味。

●小琉球迎王的報馬仔，所有裝備俱全。

●先鋒官騎在馬上，威風凜凜。

先鋒官

如果說「報馬仔」是迎神活動中的斥候兵，「先鋒官」則是斥候單位中的長官；報馬仔負責在前報訊與開道，先鋒官則負責驅逐邪魔外道，以便正神順利出巡。

嚴格說來，先鋒官並非泛信仰中的職位，僅在王爺的信仰系統中出現，也就是王爺專有的配屬神。屏東東港或小琉球送王船時，事先都會選一王爺為先鋒官，便是著名的一例。台南西港的迎王祭典，也都會有一專人擔任此職務。

由於先鋒官具有神格，迎王隊伍中雖有騎著馬、著清裝、手持「先鋒官」令旗的男子，只是，先鋒官並非指那個人，而是那男子手持的令旗或令牌。

宋江陣探子

一般而言，無論迎神繞境的規模大或小，範圍僅在角頭內或遠及外鄉鎮，都只主神派出報馬仔在前探路。學甲上白礁的刈香盛會中的報兵，身份較低於報馬仔，同樣是由主神轎派遣的，除此外，其他的例子並不多見。

高雄縣內門鄉紫竹林寺的佛祖繞境時，卻出現一個相當特殊的例子，是專屬於宋江陣的探子。照說陣頭既參與迎神行列，隊伍前已有個報馬仔，根本無需再派探子，內門當地人組成的宋江陣，卻認為宋江屬武陣，除保鄉衛里，更可開疆拓土，為防敵人的偷襲，必須自派探子在前探路。這個觀念顯示現今的宋江陣雖只是迎神賽會中的一個陣頭而已，但仍保有相當多而濃厚的部落自衛武力色彩。

●宋江陣探子，一般並不常見。

路關

路關是進香或迎神隊伍中，最前面的告示牌，早期都在木板上直接刻寫而成，近年則改用木板上裱紙書寫而成，大小及型式不一，有一人獨撐的，有兩人共扛的，或有釘在小貨車前頂上的，有的還加上許多裝飾，以吸引人們的注意。

路關的作用是告示進香繞境所經過的地方，也就是俗稱的路線表或路線圖，以便善男信女跟隨或膜拜，路關牌上除了詳細的經過路線，往往還加上：「沿途緝兇罰惡，若有為惡之徒，立懲不赦」或者「風調雨順，闔境平安」之類的字句，可惜少有人注意到這些。

七〇年代以降，多數繞境進香改用遊覽車或其他機動車輛為交通工具後，漸少見到路關，許多地方都大量印製路線表發給善信，以為替代。

●路關主要的目的是告知眾人迎神經過的路線。

開路鼓（鑼）

開路鼓（鑼），顧名思義乃指在前開路的鼓（鑼）；一般民間的迎神賽會，行進在隊伍之前的，不一定會有路關、報馬仔，卻一定有熱鬧喧嘩的開路鼓或馬前鑼。

無論是開路鼓或馬前鑼，其目的是以喧嘩的聲音，通告沿途的居民，某廟某神將經過此地，所奏的僅是幾個簡單的音節，像是「咚咚鏘」之類的，並無韻律可言；所使用的樂器大多是大鑼或大鼓，有的架在鼓架上，有的裝在自行車上，有的由兩人扛著，汽車化的進香團，則置於第一部卡車上……，只要達到開路的目的，使用的方法全無限制。

開路鑼鼓雖無特殊的造形或內容可言，它的作用卻像演大戲的鬧場一般，沿著進香繞境的路途，不斷向沿途的居民宣告迎神隊伍即將到來。

●開路鑼鼓主要的作用是宣告周知。

●清道的功能眾多，南部最常見到。

清道

前鋒隊伍中，有些地方也會特別安排兩個穿古裝的人物，他們裝扮奇特，有的身上還扛著一面鑼，但既不是報馬仔，也不是開路鑼，而是特殊的清道者。

迎神賽會的清道者，主要的任務並不是清掃環境，而是清理沿途的污物或穢氣，諸如晾曬在路旁的內衣褲，天橋上駐足觀看的人們，清道者必須一一勸民眾將衣服暫時收起，並要求人們離開天橋，以免在神通過時，造成不敬。此外，另有邪魔外道以及污穢之氣，一般人雖然看不到，清道者卻必須清除。

大都肩扛橫桿、上掛一大旗書寫清道兩字、或身穿清道背心的清道者，其作用綜合了報馬仔及開路鑼鼓，因而設有清道者，大都不設報馬仔及開路鑼鼓，反之亦然。

頭燈

前鋒隊主要的任務雖是報訊與開道，但也有簡單的排場，頭燈和頭旗便是常見的例子。

頭燈又稱托燈，大多為燈籠型，底下設有桿可供托捧而名，燈籠外則書有主神名號或者「××進香，闔境平安」之類的字樣，燈籠內裝設有燈，夜間可供點亮，以吸引人們的注意。

以對為單位的頭燈，大多出現在夜間出巡或暗訪的場合中。有些地方為了增加排場，頭燈甚至會多達好幾對，一路燈火明亮，排成排更為壯觀，更將主神的名號，清楚地映現在每個人眼前，效果相當突出。

當然，白天進香繞境的隊伍，也常設有頭燈，只是不點火，效用自然遜色許多，也就較少人注意到。

●頭燈在大多迎神的陣頭都可見到。

頭旗

頭燈和頭旗常被視為同性質的東西，主要的因素是頭燈在夜間搶盡鋒頭，白天最受人矚目的則是頭旗，「有人將頭旗視為象徵主神晝間之權威，頭燈則視為夜間之權威，即『晝旗夜燈』。」（黃文博《跟著香陣走》）。

一般而言，頭旗也是重要的開路神器，依旗的性質和功用，大體可分兩大類：一是紅絨布繡織而成，造形有正方形、長方形或者三角形，因綴有流蘇，旗上繡有主神神號及龍鳳等圖案，此為典形的頭旗，代表主神的前哨之令，遇到其他的神祇，頭旗可代表主神相互接禮；二為黑令旗，為南部地區武神最重要的神令，出巡繞境時，在前擔任頭旗，功能上都有強烈的掃路驅邪之用。

●頭旗的功用和頭燈相仿。

黑令旗

也被用來充做頭旗的黑令旗，又分三角形和長方形兩種，兩者在迎神賽會中皆可見到，為神明旨令之代表。

三角形的黑令旗，中間有一白圈，圈中寫有白色「令」字，大多用在神明出巡時，繫在三、四公尺長的竹竿尾端，沿途上下左右不停抖動，以示驅魔袪邪，保境平安；四方令旗上面書寫的字及圖案較為複雜，正面大都書寫有主神神號，祈求平安，袪災除禍，富貴吉祥，以及八卦圖案等，背面則繪有北斗七星圖，穿在一根彎曲的木棍上，平時擺設在廟前或中庭間，也常會隨神明出巡，或為八家將的領隊令旗，遇家將們穿口針時，還可做為遮天布，以遮斷自天而降的穢物。

●插在神廟前的黑令旗。

熱鬧隊

以增加熱鬧氣氛，吸引人們參與為主的熱鬧隊，全都是由藝閣以及各種陣頭組成，本身具有強烈的表演功用，是香陣中最具渲染效果的隊伍。

熱鬧隊伍的多寡，直接影響到進香或繞境的規模，因而各主辦單位莫不想盡辦法多找來一些陣頭參加。大體而言，熱鬧隊伍的來源，除了花錢雇請，還有許多是由鄰近廟宇派來鬥熱鬧的，這些廟宇平常就透過這樣的互動關係，彼此互相支援，結成關係良好的交培境，因而也造成了交培境愈多，迎神賽會也就愈熱鬧的現象。

關係著「輸人不輸陣，輸陣歹看面」的熱鬧隊雖然重要，卻不是絕對性的隊伍，人羣大廟的熱鬧隊伍可以多達數十甚至數百隊；地方角頭小廟，在沒有任何熱鬧隊的情況下，一人在前敲鑼前導，扛著神轎依舊可進香繞境，場面雖遜色，完全不失其進香或繞境之功能。這點更證明了熱鬧隊純粹只有熱鬧的作用，甚少是有宗教上的功能。

●強調渲染熱鬧效果的熱鬧隊。

藝陣

迎神賽會的場合中，最受到人們矚目的，往往是熱鬧喧囂的熱鬧隊，組成熱鬧隊的，則是各式各樣的藝陣。

所謂藝陣，乃是藝閣和陣頭的併稱，自古以來便是「迎鬧熱」的主力，不僅具有帶來熱鬧、酬神娛人的功能；各地寺廟更可藉著提供藝陣參與他廟慶典的機會，達到寺廟相互往來，團結人民情感的作用；另外更在「輸人不輸陣」的競爭因素下，各村里莫不競相發展風格獨具的藝陣，活潑了常民文化的內容。

大體而言，藝閣可分為藝閣與蜈蚣閣兩大類。陣頭的項類較多，計有：宗教陣頭、化粧表演陣頭、小戲陣頭、趣味陣頭、武術陣頭、乞丐陣頭等多項，其中有多項來自先民的移墾，也有不少完全因台灣特殊的風土環境而生，映現出獨特的台灣文化精神與內容。

●藝陣乃指藝閣和陣頭的併稱。

●傳統的藝閣，大多取材自民間故事。

藝閣

藝陣是迎神賽會之中，最具傳統特色且深受歡迎的一員。古稱詩意藝閣的藝閣，曾在日治時大出風頭，「當時還是皇太子的現日皇裕仁遊台時，四月廿九日台北市各界在日當局威脅強迫下，曾以古來迎神的陣頭藝閣遊行至其祇仰供其觀覽。」（王詩琅《艋舺歲時記》）。

所謂藝閣，簡單說來就是在一裝飾華麗的台子上，由婦女或小孩扮演各種民間故事的活動舞台，藝閣台的設計頗富巧思，不僅四面都有維妙維肖的花鳥人物、演義傳說，台上為配合故事的演出，也都設計有各種可活動的靈獸，或可噴火、或可灑水。至於所扮演的民間故事，也從早期單純的《節婦訓子》、《東寧貢瓜》，進步到取材於現代社會的《楚留香》、《現代建設》等等，每一份用心，都是為了別出心裁，吸引觀眾的贊賞。

●新式的藝閣，常見許多巧思。

車閣

藝閣的主要作用是參與迎神賽會，為了行動方便，古來都裝設在台車上，再由人拉動，因而也稱為「裝台閣」。

現代交通工具發達以後，藝閣大多也裝設在小卡車或者電動三輪車上，形式上也有更多的變化，不僅有傳統一部車裝成的藝閣，更有三部、七部甚至十二部車共同串聯成一個主題。這些雖然全都屬於藝閣，但為方便區分兩者的差異，後類一般都稱作車閣，顯然的，它專指多部車共同組成的藝閣。

無論是藝閣或車閣，主要活動的地方都在南部地區，尤以學甲上白礁最具代表性；中部的北港媽祖出巡，也可見到許多藝閣的蹤影；至於在北部地區，僅在基隆中元祭、及台北大龍峒的保生大帝祭……等少數迎神賽會才可見到。

●由多輛車所組成的車閣。

蜈蚣閣

傳統的藝閣，發展之初便出現兩種型態，一為裝台閣，二是蜈蚣閣。這兩類的藝閣，經過七、八十年的繁衍發展，已經走出兩條截然不同的路，前者至今仍以舊時的姿態出現，後者由於添入濃厚的宗教色彩，而成為民間信仰中的陣頭之一。

現今大多被稱為蜈蚣陣的蜈蚣閣，裝扮的形式是以多節長木板連成蜈蚣身，每節上坐著一位化裝成歷史故事的孩子，邊有兩人扛抬，象徵蜈蚣之足，蜈蚣的足數，早年雖說以五十為數，現今從三十六到一百零八皆有，原本完全由人扛抬的板架，大多也改成下裝輪子以利推動。

信仰中的蜈蚣陣，具有驅邪逐魔、袪災招祥的功用。南部地方的大型刈香活動，必要請出蜈蚣陣為先鋒部隊，每每蜈蚣陣所到之處，善信們不僅擺設香案迎接，更成排伏跪鑽過蜈蚣身下，以祈蜈蚣消災解厄。

化粧藝閣為形、宗教功能為用的蜈蚣閣，最是清楚地表現出現今台灣民間信仰的多樣性格。

●蜈蚣繞廟，祛禍保安。

●蜈蚣陣以長出名，爲龐然大陣。

●鹿港集英宮僅見的七番弄閣。（黃文博／攝影）

七番弄閣

一般的藝閣，不管是由真人或偶人扮演歷史故事，大多是坐在閣上，演出者雖然辛苦，但大體不需要什麼技術可言。鹿港地區特有的七番弄閣，表演者卻必須從頭到尾站在藝閣上，辛苦之餘，更需有一番好的站立功夫。

相傳沿自於《昭君出塞》故事而來的七番弄閣，由竹架成台閣，由人扛抬，閣上置有七個木桶，分別由七個身穿奇形怪狀「番服」的人士站立其上，各操弄著銅鑼、鈴鼓、四寶、響盞、丙鼓、拍板和嗩吶等樂器，一路出巡逛街，由於服裝特異，加上樂曲高亢熱鬧，所到之處莫不引起人們的注目。

屬於鹿港集英宮的七番弄閣，至今仍保持由人扛抬的形式，此外在服裝及表演特色上，也都保留許多古韻，相當難能可貴。

八美圖

一般而言，藝閣都屬於裝台閣，也就是需要用木板或竹片製成台閣，再飾以歷代的神話或演義故事的人物、背景而成。台南地區卻有一種特別的八美圖陣，民俗研究專家黃文博將之歸類為陣頭，個人卻比較偏向將之認定為藝閣的一類。

台南地區的八美圖共有兩團，分別為當地的刈香盛會而特設的，內容相當簡單，由八位女性分扮成武裝打扮的俠女，分別乘坐在馬上——一隊是假馬，下有台車拉動；另一隊則分乘真馬，行進間由鑼鼓隊前導，相當熱鬧好看，可惜八位美女只是一路騎在馬上，完全沒有任何動作或表演，實不能算是陣頭，而應該屬於藝閣的一種。

●少女們騎馬裝扮成的八美圖。

探館

傳統的民俗藝陣，基本上都是地方子弟的組合，目的則完全為祝賀寺廟的慶典，參與進香迎神活動，因此任何一個藝陣和寺廟的關係都相當密切。

陣頭的組成，大多因寺廟的需要性而產生，由寺廟聘請或選擇適當的老師，招募足夠的子弟後，便開始在固定的地方定時集訓。這期間老師除負責子弟們練習的成績，還必須採買或製作行頭，並完成整個陣頭的組織；廟方則不定期前來探館，檢視子弟學習的成績。

探館等於是一種臨時性的抽查，廟方人員藉著這個機會檢視訓練的成果，並評估是否能在廟慶或進香之期正式出陣，若有問題馬上設法改善，師資或人員的不足也借著這個機會補強，因此探館雖非儀式性的活動，卻是陣頭訓練最重要的檢驗尺。

●探館其實是訓練成果的檢驗。

開館

迎神行列中不可或缺的陣頭，早期大都是由境內的子弟組成，至於要組成什麼性質與種類的陣頭，則由神明決定。如果人數夠多，還可組成兩種以上、不同性質的陣頭。晚近因社會結構的改變，年輕一代紛紛離鄉到城市討生活，許多地方無法再維持像樣的陣頭存在，職業性的陣頭乃應運而生。

無論是地方自組的陣頭，或者職業性的陣頭，組成訓練過一段時期，正式參加迎神賽會前，都必須至元廟（該陣頭依附的元始廟）中舉行「開館」儀式。

陣頭的種類不同，開館的儀式也不盡相同，大多演出陣頭全套技法，完後再行拜廟之儀，以示真正成「陣」，才能正式的參加慶典。民俗研究專家黃文博認為：「陣頭組成之初的開館，有絕對的必要，一來可藉開館的公開表演，驗收成果，肯定技藝；二來更能讓成員真正進入狀況，自我定位。」

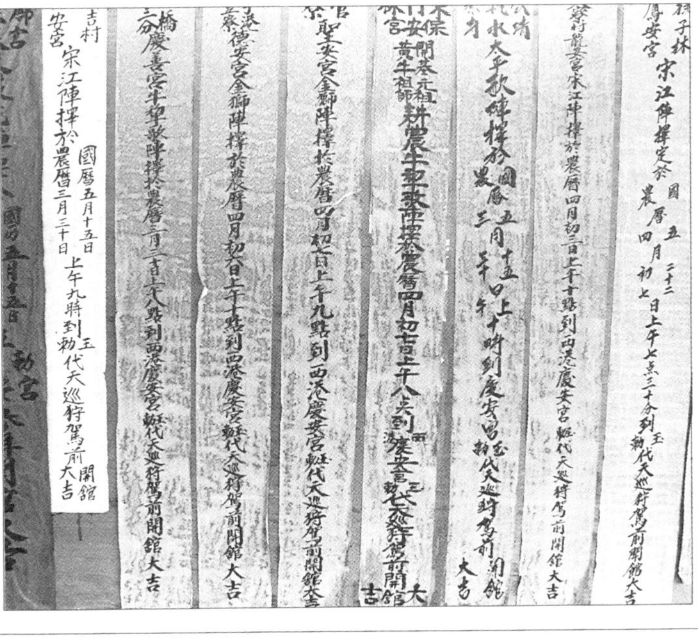

●元廟的佈告欄上，貼滿開館的香條。

八家將

迎神賽會的熱鬧隊中，最常見且角色最複雜的莫過於八家將，不僅具有童乩性格、法力與通靈能力，又是最具代表性的司法陣頭，肩負緝惡捕兇的任務，還能替民眾解運祛禍。

八家將的組織，雖然完全抄自封建社會的司法制度，發展的歷史卻相當短。施翠峯教授認為大約在日治時期，「『八家將』的發祥地，依據筆者多次調查，可以判斷為台南縣下麻豆，然後傳入佳里、土城里、台南市。」（《台灣的民間藝術》）。

屬於宗教陣頭的八家將，行進時大多為七星步或三進三退的步法，圍捕罪犯（表演）時則走四門，也就是兩人對走正方形的對角。此外還有菱形陣和八卦陣，由四人或八人合力押捕犯人。由於八家將演出時「各有獨特的步法，因為都屬武神，故步法威風凜凜，時快時緩，民眾相信其經過之地，便會產生祓禳作用，甚至於請其前往住宅『按八卦』，或利用其遊行時，信徒在沿途就地請求『解厄』等。」（施翠峯《台灣的民間藝術》）。

●八家將在台地的迎神賽會中最爲常見。

打面

八家將的主要任務是緝惡揚善，還兼逐煞解厄的功能，祂們的身份乃為神明的部將，除了要著服戴盔，大多數都必須彩繪臉譜，以符神將的身份。

由於八家將的角色特殊，充任八家將者在事前七天或三天（各地不同），就得齋戒，不得行房，等到扮演之前，先沐浴淨身之後，然後請師傅打面，然後再著裝戴冠，便成八家將了。

打面也就是繪臉，一般家將團中大多有年紀較大者，充任打面的師傅，專門為每個家將彩繪臉譜。基本上八家將的臉譜，多以神明的臉譜為型，再加上誇張的七彩顏色而成；若是充任動物角色的家將時，就必須繪上該動物之臉譜；若為神明或鬼役的角色，繪完臉後必須多劃一兩筆黑紋，稱做破臉，表示被繪臉者並非該神，只是暫時扮演而已。民間相傳，若臉譜繪得太真而不破臉，可能連命都會被該神拖去。

近年來，由於打面師傅愈來愈不容易找，有些家將團乃由團員相互打面，造形和圖案自然比不上老師傅的手藝，卻也出現許多新式的臉譜。

●每一張家將的臉，都由打臉師傅精心繪製而成。

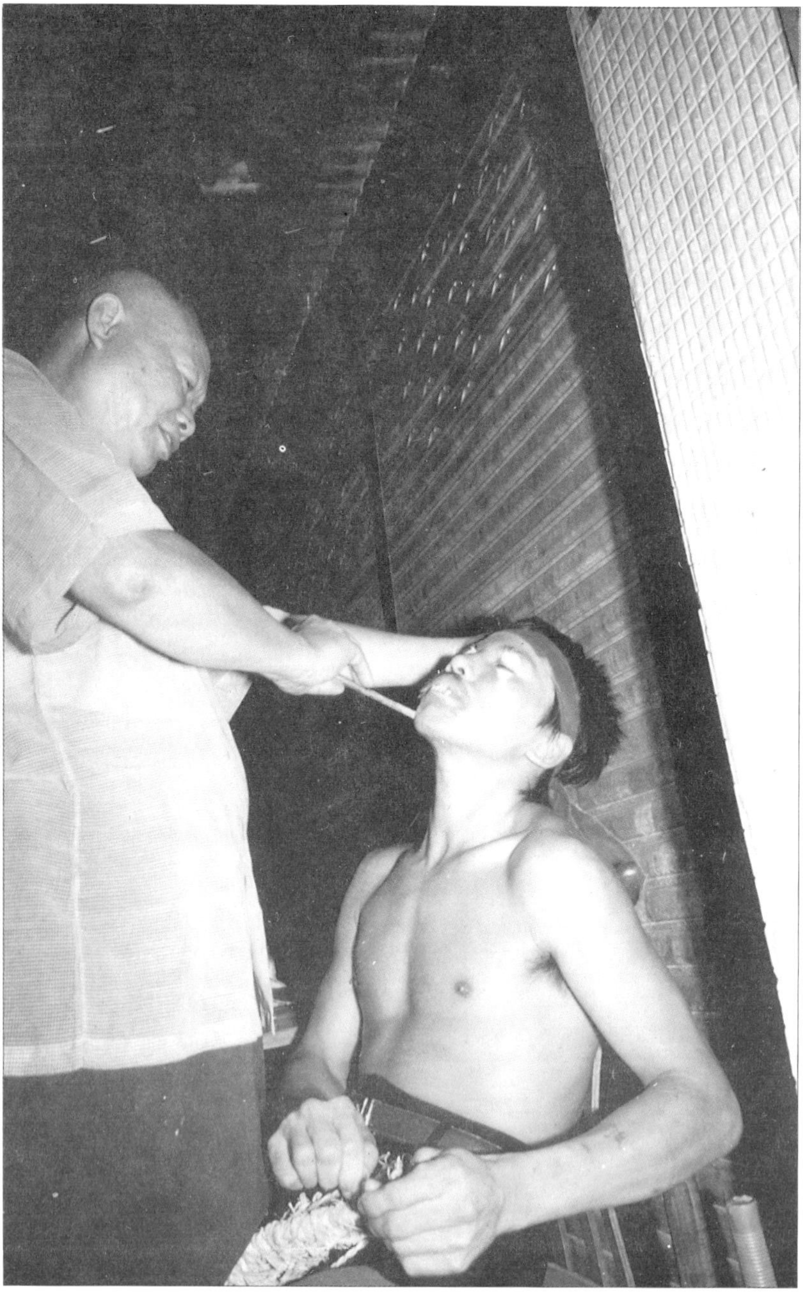

●打面的巧妙不同，卻絕對需要慎重其事。

領令

台灣地區的八家將，不僅數目眾多，派系更各不相屬，這些各自為政的家將，所繪的臉譜都不相同，但大體都維持濃粧艷抹，七彩顏色的特色。

繪過臉的八家將，便不再屬於自己的身份和角色，自此以後便不得開口講話、吃東西及抽煙妄為，以免汚損了神體。

八家將正式出陣之前，必要著服戴冠，每個人都整理好服裝儀容之後，再到神前領令，主要的作用有二：一是代表正式獲得主神的派命，得以出巡緝惡揚善，執行司法者的權責；此外也領得兵器，以利執行任務（有些地方的家將，著服之後便持有兵器）。

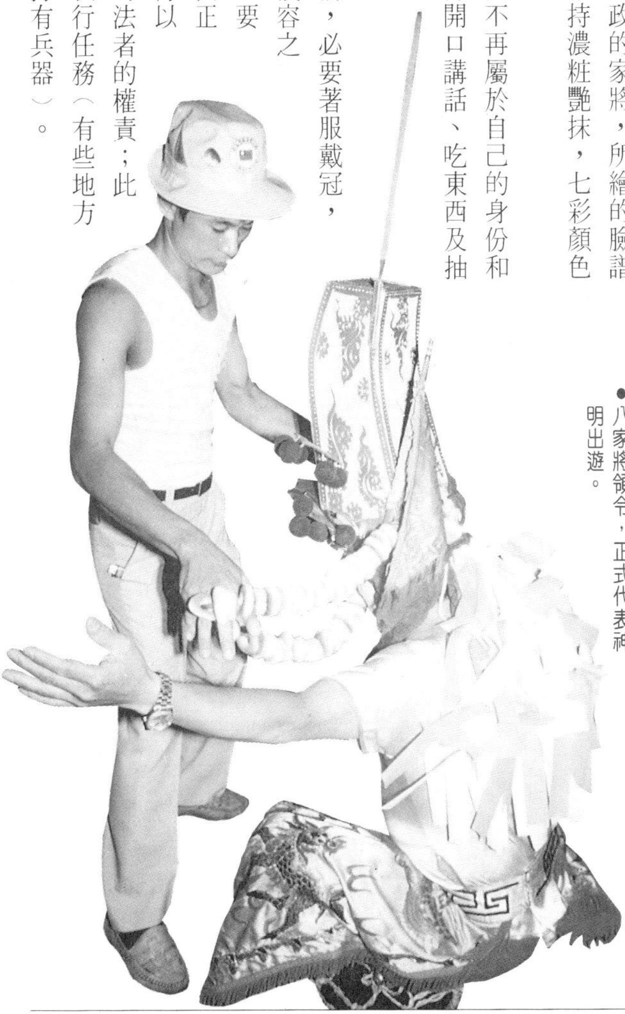

●八家將領令，正式代表神明出遊。

神前領令之後的八家將，便具有完整八家將的身份，出巡繞境，除魔祛煞，解厄禳災……以滿足善信們的需要。等到出巡結束，任務全部完成，還得回到神前繳令，才能卸粧除服，恢復正常人的身份。

使役

又稱為什家將或家將團的八家將，組成的人員由五至十三人不等。每個團體依主神的神格以及需要的不同，家將所扮演的角色也不盡相同，至於基礎的成員，大體上差異並不會太大。

八家將主要的靈魂人物，首推使役，也就是領在隊伍之前，肩挑刑具的人。大部份的使役不化粧、不著服，僅少數和八家將一樣開面化粧，肩上挑的刑具，實為家將手持刑具或法器的縮小物，分別掛在魚枷、虎牌上，行動時便會發出叮噹聲響，用以指揮家將的前進或擺陣。

大部份的使役，衣著扮相一如常人，卻是整個隊伍的指揮者，擔任此職務者，必得完全熟悉八家將的每個角色與職司。

●使役領在隊伍前，指揮全團行進。

刑具

八家將使役肩上挑著刑具，雖然都是模型道具，但每一項刑具，都和家將團的編制有密切的關係，不得任意更動或刪添。

大體而言，編制完整的八家將，使役要挑十八項刑具，分別是畫押用的筆和硯，鎖銬手腳用的手銬、腳鐐、魚枷和虎枷，捆綁用的繩子和鐵鏈，囚禁用的立籠和坐籠，鞭打的器具藤條、戒板、角棍，夾手腳的拶指和挾腳，以及割砍用的刑具銼、斧鉞和棕鬚捲等。人員編制更多的什家將，則用三十六種刑具，除上述十八項外，另加打人用的皮鞭、戒棍、皮鞋背、釘棍、鐵鎚，扎刺用的手釘、腳釘、釘床、釘椅，劈砍用的鐵砧、斬馬刀和捲、鑽、燒，印用的竹掃捲、鑽、鐵鏟、炮烙、鐵條、蓋目印、蓋頭印等類。

這些古老的刑具，在現代社會中愈來愈不容易見到，現代八家將使役所挑的刑具，種類也愈來愈少了。

●家將的刑具，用途廣泛。

文武差

一般的八家將隊伍，跟隨在使役之後，搖搖擺擺的便是文差與武差。

文差又稱陳將軍，紅臉、右手執令牌、左手執扇；武差叫劉將軍，白花臉、左手拿令旗、右手拿扇子，行進時跟隨在使役後，是八家將中較溫和的角色。主要的任務是傳達命令，俗謂：「文差接令，武差傳令」，把兩人的任務說得清清楚楚。

文武差的地位雖重要，卻有許多的家將團不設這兩角色，而以其他角色代替，此外，迎神賽會中的大神尪仔中，也常會出現文武差，其作用、任務與地位，與家將團中的文武差相仿。

▼文武差主要的責司是傳達命令。

●甘柳將軍手上都持有戒棍。

甘、柳將軍

甘將軍和柳將軍，是八家將編制內的定額角色，因而也稱作班頭，任何八家將出巡，人數超過四人以上者，必會出現兩位班頭，地位相當重要。

班頭也稱為撈刑，司法神賦予祂們的主要任務是「遇惡即拿，不服戒罰」，他們手上的戒棍（剖成兩半的竹子，上都繫有鈴鐺）便成了權威的象徵，傳說中不少人犯，一見戒棍便跪地求饒，顯見這種刑具曾制服過多少作奸犯科之人。

甘將軍與柳將軍除了手持戒棍之外，都著黑衣，為顯神威，平時都走八卦步，遇有人犯，則以七星步追趕。在熱鬧的場合中，手上的戒棍，也是擋住人羣，不讓一般人接近主神的最佳器具。

捉拿大神

俗稱為七爺、八爺的謝、范將軍，最常出現的扮相是大神尫仔，這兩位傳說中的城隍爺部將，一高一矮，一白一黑的樣貌早已深植在人們心目中。

八家將的陣頭中，也會出現謝將軍與范將軍，一般都以捉大神及拿大神稱之。捉大神也就是白無常謝必安，身穿白衣、頭戴白色高帽、手執魚枷；拿大神就是黑無常范無救，通常黑衣扮相、黑臉黑帽、手執上書「賞善罰惡」或「拿」字樣的方牌。這兩位扮相特異的大神，相貌驚人，更因武藝高強，一直是擒拿逃犯的主力。

台南地區有些家將團的捉拿大神，為持火籤的盧清和持鎖鏈的韓德，但並不多見。捉拿大神和甘柳將軍，合稱四將或四大將軍，分掌刑罰和捉拿，構成八家將最主要的司法力量。

●捉拿大神就是黑白無常。

●白無常武功高強，主司捉捕人犯。

春夏秋冬神

八家將的編制，其實是早期司法制度的縮影，有人負責捉拿人犯，便要有人負責審問，四季神主要的責司便是審理人犯。

春夏秋冬四大爺，簡稱四季神，各地四季神的扮相以及手持的器物雖沒有一定的標準，因他們主要的任務是審理「武將」捉拿來的人犯。依照封建時代的司法制度，夏大神乃手持火爐，用以烤燒刑具以便刑求；春大神持木桶，盛水以潑醒刑昏的人犯。不過這兩項跟刑求有關的刑具，今已不復原貌，火爐成了火盆或葫蘆。水桶換成盛著花朵的花籃。秋大神手持的為金瓜錘或者八角錘用途是打擊犯人；冬大神一般都是手握著蛇棒，甚至是手抓著活蛇，以達到嚇人的目的。

●春夏秋冬神的行動大多一致。

●手持活蛇的冬神。

文武判官

民間信仰中，本就有文、武判官兩神祇，最早是城隍爺的左右隨從，後來漸被其他神祇廣為引用。

八家將中的文、武判官顯然也是借引而來的，兩神的衣著都為正式的官服。民間傳說中，文判官名叫康子典，右手持硃砂筆，左手持生死簿或通緝簿，主要的任務是錄口供；武判官名叫龐元志，手持鐧或錘，主要的職司是收押罪犯。

顧名思義，文、武判官乃是犯罪者的最後審判者，文罪文判、武罪武裁，他們也是八家將中地位最高者，為司法神最得力的左右手。

▼八家將中，以文武判官地位最高。

霞海城隍家將團

霞海城隍爺隸下的家將，不僅有造形、編制特異的家將團，更另設有家將壇，供奉家將諸神。廟方如此重視家將，主因跟霞海城隍版的家將傳說有關：城隍爺為了辦案的需要，向陰曹地府借將，十殿閻羅幾經商議後，決定各派出一名使役至城隍麾下聽令，組成家將團，以協助查案緝惡，使得家將的成員不同於一般的八家將。

由虎爺和白鶴童子領路的霞海城隍家將團，總人數多達十餘人，依隊伍由前到後的順序分別是：日遊巡、夜遊巡、金山將軍、銀山將軍、神虎將軍、麒麟將軍、枷爺、鎖爺、大鵬將軍、長索將軍、謝將軍、范將軍、文判及武判等。

霞海城隍家將團中，和其他八家將角色相同的文武判、日夜遊巡、范謝將軍都是最普遍的鬼役，在其他迎神場合或大神尪仔中常會出現，盡職地扮演好緝惡揭善的角色。

●霞海城隍的家將團，非常具有特色。

虎爺

虎爺大多指動物成神的神祇。保生大帝曾醫治過老虎，西秦王爺曾在山中救過老虎，因此這兩神都配祀有虎爺為部將，由於民間信仰具有活潑、自由的特性，久而久之，其他諸多神祇，也都把虎爺納為自己的部將，一方面增加神威，同時也可引路開道，緝拿異邪。

台北的霞海城隍廟中，也配祀有虎爺，平時在廟中鎮殿守衛，城隍爺暗訪及出巡時，更由人扮成虎爺，成為開路將軍。扮虎爺者，除肩上扛著虎爺神像，全身都著黃色虎皮衣服，臉上繪虎紋，屁股更有一條虎尾，相當具有特色。

霞海城隍的虎爺，為家將團的開道引路者，霞海城隍的家將，並沒有使役這個角色，虎爺的特殊性更顯突出。

●全身虎斑裝扮的虎爺。

白鶴童子

白鶴童子也是台北霞海城隍家將團中的特例，大多跟隨在虎爺之後，一方面是虎爺的隨從，同時也是身後家將團的引路者。

完全由孩童扮演的白鶴童子，也稱引路童子，扮相跟虎爺類似，幾可以小虎爺視之，唯一的差別是引路童子手執的為拂塵或者胡蘆、圓球、燈籠，行進間並無特殊的動作或儀式，都視虎爺走或停、跑或步行，隨後的家將團，也同樣跟著白鶴童子的舉止行進。

所有的白鶴童子，都由七至十歲的孩童扮演，模樣相當可愛，每每出巡時在前持燈引路，都成為眾人注意的焦點。

●造型可愛的白鶴童子。

四獸將軍

霞海城隍的家將團中，有四種動物充任使役，分別是神虎將軍、麒麟將軍、大鵬將軍及長索將軍，合稱為四獸將軍。

神虎將軍乃指老虎，打虎臉、手持虎牙棒，立於左隊第三位；右邊就是麒麟將軍，手持雙面戟、自古即為人們所崇祀的靈獸，人們祈之以送子前來。

位於左隊第五位的是大鵬將軍，乃指大鵬鳥而言，手持木棍，為最佳的空中巡訪者；長索將軍乃是蛇將軍的美稱，乃指蛇而言，最大的特徵是手持蛇棒，主要的任務乃是扮演地上的搜索者。

獸身人形的四獸將軍，在其他地方並不常見，一般人民對牠們的扮相與職司，更感到陌生。

●大鵬將軍

●長索將軍

●威猛動人的四神兵。

四神兵

傳說中向陰曹地府借將而來的霞海城隍家將團，每個使役的角色都不相同：有主動出擊逮捕罪犯者、也有負責羈押的專人、更有專司守護任務的守衛者。

排於第二位，分立左右兩隊的金山將軍和銀山將軍，原乃金山和銀山的守護神兵，被派到城隍麾下，分持山形戟和月牙鏟，跟在日夜遊巡之後充任使役。

枷爺和鎖爺，主要的職司是羈押人犯，分列在第四位，用意是當前面的諸使役將作惡多端或危害人間的凶煞惡人逮捕歸案後，交由枷爺或鎖爺加上鐵枷以及手銬，使之無法逃走，因而鐵枷和手銬乃成枷爺和鎖爺最主要的特徵。

霞海城隍的家將團，由於衣著扮相近似，要區分他們的角色，只有在打面及手持的兵器方面下手。

龍虎鍘

龍頭鍘和虎頭鍘都是封建時代，處斬犯人的刑具，民間通俗故事《包公斬陳世美》中，便有這兩種刑具出現。

顧名思義，龍頭鍘與虎頭鍘都因鍘上的造形而得名。現代社會中，除某些地藏王、城隍廟中仍可見到如此的刑具，已經很難再見到。台北霞海城隍廟的家將團，設有兩位扛著龍、虎頭鍘的家將，走在家將團的最後。龍虎鍘是由木板繪製而成，上貼城隍爺封條，顯為城隍爺處決人犯之用，由於繪製逼真，造形特殊，家將們扛在肩上，陰森威嚴之氣氛竟立刻顯現出來。

▼處決犯人用的龍虎鍘。

十三太保陣

台灣民間流行的陣頭，雖然有許多來自於漢人的移民，但台地特殊的地理與風土環境，也締造出許多獨特的陣頭，東港系王船祭的十三太保陣，正是典型的例子。

專屬於廣澤尊王的十三太保陣，乃是由民間傳說中，廣澤尊王娶得妙應仙妃後，某日晨起見床上隆起十三堆土堆，乃為尊王的十三位兒子，後人將這十三太子予以陣頭化而來。出陣時由十三個孩子身著太子裝、太子帽，另由成年人扮使役，肩挑刑具，出動時左右各一人，最後為太保陣，陣法及行動都和八家將非常類似，因而也被視為八家將的近親。

十三太保陣屬罕見而特殊的陣頭，全台僅有的兩團，都直屬於寺廟，分別是屏東東港鎮靈宮及小琉球幸山寺，它的演出，也僅在東港及小琉球王船祭方可見到。

●小琉球特有的十三太保陣。

五毒大帝陣

因主神五福大帝而衍生出的五毒大帝陣，是另外一個非常接近八家將的陣頭，全台僅在小琉球可見，隸屬於本福村的水仙宮配祀的五福大帝。

五福大帝也就是俗稱的五瘟神，「五方力士在天上為五鬼，在地為五瘟，名曰五瘟：春瘟張元伯，夏瘟劉元達，秋瘟趙公明，冬瘟鍾仕貴，總管中瘟史文業，如現之者，主國民有瘟疫之疾。」（《三教源流搜神大全》），後來在民間傳說的演化下，卻成了為阻止瘟疫而喪生的五位神明。五毒大帝乃是裝扮成五瘟神出巡的陣頭，主要的目的是逐瘟袪毒，庇佑地方寧安。

共有六人組成的五毒大帝陣，由一人持方旗指揮全陣，餘五人全開腳，著古裝，按五方站立，「表演前都要蓋『五毒印』，以示神性及辟邪，表演時，依陣舞跳，動作誇大威猛急連奔躍，頗具震撼之效，十足宗教味道。」（黃文博《當鑼鼓響起——台灣藝陣傳奇》）。

●小琉球的五毒大帝，和八家將近似。

龍陣

結合駱駝頭、鹿角、牛耳、蛇身、鷹爪、鯉魚鱗於一身的龍，是中國人虛構的圖騰，台灣先民在移民之初，帶來了許多中國的文化，龍的形象也同時進入台灣，存活在台灣人民的心目中。

龍陣顯然是因龍的圖騰而生的陣頭，它一直代表著喜氣與吉祥，不僅在迎神賽會中經常可見，許多其他的慶典，如年節、喜慶、婚禮、慶生甚至國家的慶典，都可見到神龍活躍。

民間常見的龍陣，有金（黃）龍、青龍和白龍三大類，前兩者為賀喜專用，最後者僅在喪事場合可見。龍身的長度短者九節，長者可達一百零八節，惟一般的龍都在二十節之內。龍陣的演出，可單龍獨演，也可以雙龍或者多龍合作，為了討喜，龍陣表演時，還會噴火、噴水以及五彩的煙霧，以增加熱鬧的氣氛。

●龍陣在台灣，仍頗受歡迎。

獅陣

舞獅是歷史悠久的民間遊藝活動之一，清初移民來台時，便傳入台灣，藉著地方自衛武力的興起而繁衍。如今，不僅是迎神賽會最基本的陣頭，其他政府或民間各類的慶典，也都少不了它的演出。

台灣的獅陣，由於傳入地方的不同，也出現多種不同的類型：新竹以北地區為開口的籠仔獅；新竹以南都為閉口的雞籠獅；廣東移民舞的都為醒獅；另有一隻由北京傳入，全身被毛的北京獅，在這四大原型之下，民間在傳承發展的過程中，又創造出了宋江獅、龍鳳獅等台灣特有的獅陣。

傳統的獅陣，由兩人舞獅，一人扮獅鬼，演出的節目依各類獅的不同而生差異。開口或閉口獅都有一定的「打獅節」項目，此外各有擅場，以吸引觀眾。北京獅慣常以雙獅合舞出現，此類獅陣民間僅在雲林地區有一團，其他都為官方組織的團體。

●台灣的獅陣，有開口和閉口之分。

醒獅陣

台灣的獅陣中，除了閉口和開口獅，還有一種無論獅的形貌、舞的技法以及表演特色都截然不同的醒獅，每每在民俗賽會的場合中，以一柱擎天、過三山、上梯、過獨木橋等絕技，贏得滿場觀眾的掌聲。

沿自於廣東佛山及鶴山兩地的醒獅，全獅裹覆著絨毛，頭上並有俗稱「獨角」的髻，色彩鮮艷，造型威猛，令人一看就覺得威猛有力之狀。學醒獅者大多為練家子弟，表演時由笑佛前導，一般都以爬高為主，像是踩在人肩上的上膊；或者是疊羅漢式的上碟；更能登上天柱，表演一柱擎天。另外醒獅團也借助桌椅，表演上梯、過獨木橋以及過三山等高難度的動作。

醒獅的演出每每都吸引滿場觀眾的贊賞，除了神乎其技般的特技，更重要的是還要邊舞著獅子，困難的程度可見一斑，只要演出成功，自然最易贏得人們的掌聲。

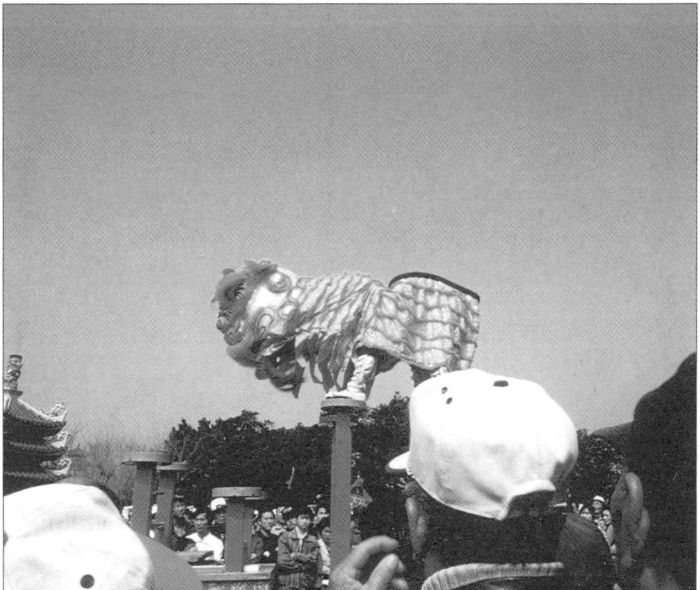

●高空表演的醒獅。

●表演過獨木橋的醒獅。

細妹獅陣

屬於武陣的獅陣，在傳統社會中一直屬於男性的天下，主要因素有二：一是女性較乏力氣，無法把獅舞好；再者則因男尊女卑的觀念，婦女自然不能接近代表祥瑞的獅陣。唯獨花蓮鳳林的富源保安宮，擁有一陣絕無僅有的婦女獅陣。

鳳林鄉的富源地區，為客家聚落，約在六〇年代，廟方原有的獅陣因後繼無人，幾位婦女有意繼承下來，初遭到許多反對，一一克服之後，才開始大張旗鼓，組織社區的婦女接受訓練，正式成隊後，獲得廣大的好評，這個全台唯一的婦女獅陣終而誕生，並傳了兩代。

正式名稱叫慈暉舞獅團的婦女獅陣，卻因表演者的特殊，而被稱作細妹（客家話婦女之意）獅陣，名聲遠播南北各處，她們所舞的獅屬於醒獅，雖也有上梯或過三山的特技，但驚險的程度略遜於男性獅陣，儘管如此，這個細妹獅陣的演出，仍令人嘆為觀止。

●全台唯一的婦女獅陣。

龍鳳獅陣

龍鳳獅陣為台灣衍生的特有陣頭，雖然並不普遍，卻表現出台灣常民文化結合眾多文化而成一家的特質。

從名字上來看，龍鳳獅陣包含了龍、鳳及獅三種靈獸而成一陣頭。事實上龍鳳獅陣，正是取龍陣和獅陣之精華，再加上鳳而成，不過這三靈獸都取其頭而已，分別由不同的人穿戴在頭上，旁邊另有提刀執劍的隨從護衛，規模上雖然完全比不上龍陣或獅陣龐大，卻有一種小巧的趣味。

無論是道具或者陣法，都模仿龍陣或獅陣的龍鳳獅陣，表演時，由各自的護衛或笑佛（獅）前導，各據一角表演起來，彼此間並沒有什麼關係，且陣法簡單，演出變化不多，只是當龍、鳳、獅同時在廟埕搖頭擺尾時，總會令人感到相當有趣，而吸引許多人的圍觀。

●造型可愛有趣的龍鳳獅陣。

宋江陣

●宋江陣的陣法複雜，變化無窮。

盛行於台灣中、南部地區的宋江陣，源起的傳說有出自《水滸傳》、戚繼光、鄭成功的傳說……等多種，但以其組織、兵器和訓練來看，顯然跟台灣早期地方自衛的武力組織有密切的關係。

傳說中由一百零八人組成的宋江陣，台灣卻不可見，一般以七十二人為最多，三十六人最少，人員分成兩組，分持烈火旗、雙鐧、雙斧、大刀、雙劍、雞箒、雨傘、齊眉棍、長叉、藤牌、耙仔、鈎鐮刀……等。表演的項目，有多種不同的變化，其中以八卦、蜈蚣、排城、攻城、黃蜂出巢等具有軍事演練的陣法最常見。表演時，由鑼、鼓、鈸的催動下，個個都以真功夫相互過招，甚少看到花拳繡腿的虛招，顯見這個陣頭至今仍具有訓練地方子弟兵的作用在內。

規模龐大，氣勢過人的宋江陣，人員都著運動裝、頭綁頭巾為記，在民俗廟會中相當顯眼奪目。民間信仰中，是有驅邪祛禍，開路解厄的功能，此外，由於成員多，且人人身上都持有長短兵器，也常被權充維持秩序之用。

▲宋江陣只要擺開陣勢，便吸引許多人圍觀。

◀寺廟中供奉的宋江陣祖師爺。

宋江獅陣

宋江獅陣顧名思義，顯然是宋江陣和獅陣的結合，這個台灣獨有的陣頭，正是受到南部地區宋江陣影響而發展出來的新興陣頭。

民間俗稱金獅陣的宋江獅，「表演型態，近似宋江陣，不過套數與陣形沒有宋江陣那麼複雜，因為它是以『弄獅頭』為主，弄完了獅頭，才做其他的陣形表演，亦有單打、對打和集體羣打，但大部份時間，僅作搖旗吶喊而已。」（黃文博《當鑼鼓響起—台灣藝陣傳奇》）。

從宋江獅的分佈到表演型態，都說明和宋江陣不可分捨的關係。主控宋江陣的是頭旗，宋江獅則由獅頭領導，表演時基本上也以舞獅為主，其餘的成員分別扮演宋江陣的一員，人數並無一定的限制，多則多參加，少則小規模，如此自由的伸縮空間，正可給無力組成宋江陣，又希望出陣表演的庄頭，最佳的「輸人不輸陣」機會，難怪近年來，宋江獅陣愈來愈受到歡迎。

●以舞獅爲主的宋江獅陣。

白鶴陣

以白鶴為主角的白鶴陣，組織和規模都仿自宋江陣，僅將領隊的頭旗改為白鶴仙獅，一直被視為宋江陣的繁衍陣，並和宋江獅陣並稱為「宋江三陣」。

白鶴陣的組成，共分戴頭具的白鶴童子，裝扮成白鶴的白鶴仙獅以及其他數十位的宋江陣成員，為凸顯白鶴的特質，所有的成員都著白衣白褲。演出時，由白鶴童子前導，頭戴白鶴偶的白鶴仙師，雙手搖著翅膀搖搖擺擺的出場，一旁的宋江陣成員則擺開陣勢，以凸顯此陣的龐大。

表面上看來屬於化粧表演陣頭的白鶴陣，卻十足是個宗教陣頭。目前僅有的台南七股寶安宮白鶴陣，完全是為三年一科的西港燒王船而組成的，「在『西港仔香』還是少數可以進入代天府參拜，以及被允許參加過火、請王和接受禮炮的陣頭之一，地位特殊，角色奇異！」（黃文博《跟著香陣走——台灣藝陣傳奇續卷》）。

●白鶴展翅的雄姿。

●五王陣陣法特殊，應自調五營發展出來的。

五王陣

五王陣或稱五營陣，為結合乩童與法官特質的宗教陣頭，全台僅有一陣，隸屬於彰化溪州天盛村的閭山道院天訣堂。

由東、南、西、北、中五營元帥組成的五王陣，演出時必須依東營青服青旗、南營紅服紅旗、西營白服白旗、北營黑服黑旗、中營黃服黃旗的五行五色裝扮，由中軍指揮全場，手持令旗，其他各營分立四方，先由中營和東營互抛刺球空手接收，幾次以後中營和東營互換位置，再由東營和南營相互操演，並依序輪回到中營。再依東西、西南、南北、北東、東南、南北、北西、西東的順序抛接刺球，最後刺球傳回給中軍，操演的儀式才全部完成。

陣法特殊，演出驚險刺激的五王陣，其源起應來自民間常見的調五營，發展成陣後，同樣以調派兵馬為主要的任務。

小法陣

台灣南部地區，不僅法官相當盛行，甚至在台南市，還有由法師們所組成的小法陣，在迎神賽會中，充作宗教陣頭。

小法陣完全由法師所組成。服裝方面，以著便服居多，也有身穿龍虎裙者，成員可達十餘人。根據民俗研究專家黃文博的研究，一隊小法陣中的角色大體分為五種，「分別是一、揮烏旗（一位），掃盡千災，開路領陣；二、豎中尊（一位），耍法索（金鞭聖者），此陣主角；三、打法鼓（四至十二位），即打八卦鼓；四、敲鑼（一至二位）；五、搖巴鈴（一至二位）。」（《台灣藝陣傳奇》）。

法力高強的小法陣，不只是參與繞境而已，也可以為善信們收驚、解厄、掃災、祛禍，且一律免收費用，難怪所到之處，總有許多善信等待著解運。

●小法陣僅在台南出現。

高蹺陣

●高蹺陣的成員正在整裝，準備上陣。

雙腳踩在木架上、著戲裝、邊走邊演的高蹺陣，是一個結合小戲與特技的陣頭，特殊的表演型式，使得它在迎神賽會中一直扮演著「高高在上」的角色。

民間俗稱為踏蹺陣的高蹺陣，參與演出的人必須雙腳踩在三尺上下甚至六、七尺的蹺上，不僅要能走，更要能跑、能跳、能舞，自然不是人人都能勝任的！

台灣所存的十幾個高蹺團中，全部都屬於職業陣頭，各地的陣頭都有不同的特色。基隆暖暖的高蹺陣以七尺的高蹺聞名；雲林元長的元長飛腳團擅翻滾跳躍、特技表演；台南縣學甲鎮的中洲高蹺陣，以《關公保二嫂》聞名全台；至於其他的陣頭，著名表演項目，還有《白蛇傳》、《八仙過海》、《三藏取經》、《梁山好漢》等。

大體而言，台灣的高蹺陣可分文陣與武陣，舊時的都屬於文陣，注意演出戲目的內容，有唱有唸，動作細膩。晚近的高蹺陣中雖仍裝扮成一齣戲出場，卻偏重武打及特技演出，以贏得觀眾的掌聲。

●在高蹺陣上表演小戲，需要紮實的功夫。

牛犁陣

發源自貧困的台灣農村，早年因農民自娛節目而發展出的牛犁陣，在種類繁多的民俗藝陣中，可謂是最具本土色彩的陣頭。

一人手舉著牛頭，裝扮成老牛，一人在後面駛犁，旁邊還有田頭家（老闆）、農婦、幫忙推犁者以及逗趣的小丑等人組成的牛犁陣，正是把早年台灣人駛牛耕田的情景，活生生地搬到街坊馬路以及神廟庭前，旁邊多了幾個人，完全是為增加趣味性，使之更為豐富精采，主要的表演，仍以犁牛耕田為主，偶而也穿插一些調笑打諢的小戲，以吸引觀眾。

以南管為配樂的牛犁陣，除了駛牛的表演，丑旦之間也常會有情歌對答，演出的劇目以：《秋天梧桐》、《送君》、《看牛歌》為多，由於表演形式以及演員的裝扮，和車鼓陣有許多近似之處，也被學界視為車鼓陣的姐妹陣。

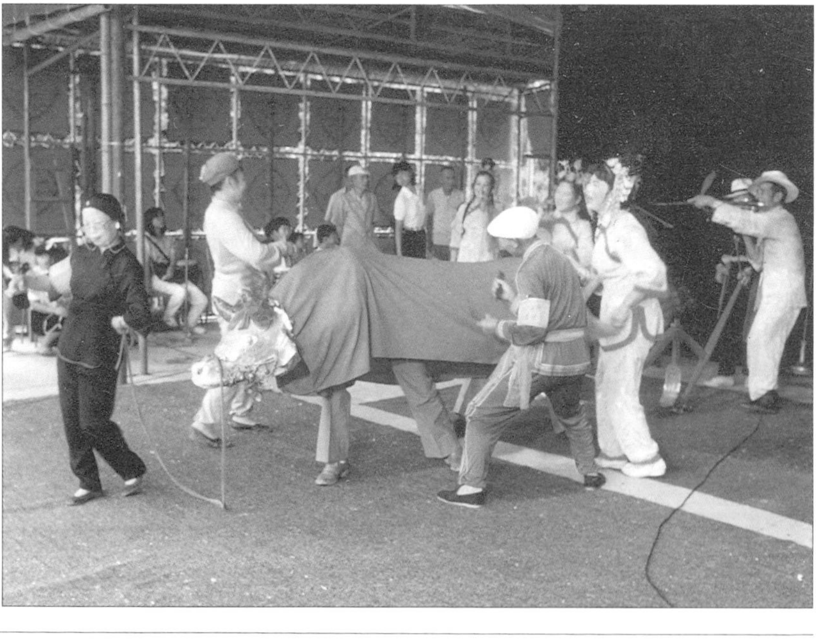

●舞台上演出的牛犁陣。

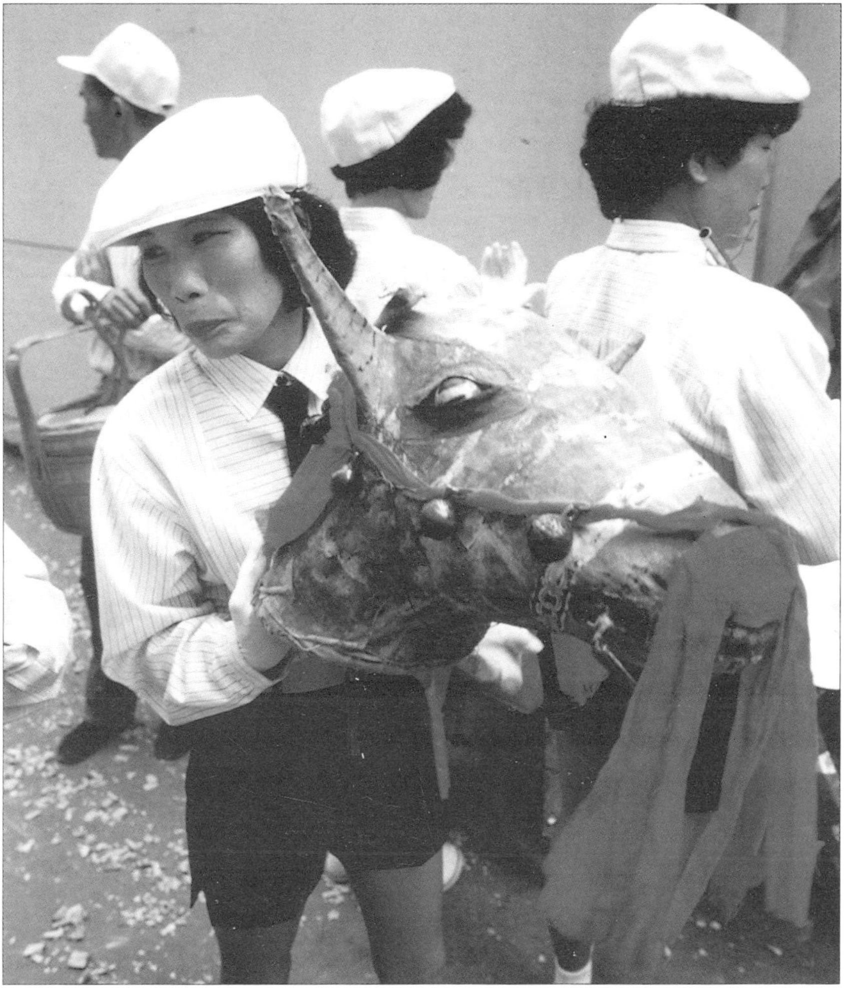

●具有濃厚台灣風土味的牛犂陣。

鬥牛陣

和牛犁陣同樣和牛有關的鬥牛陣，兩個陣頭的類型和演出卻截然不同，前者為文雅的小戲表演，後者卻是激烈打鬥的武陣。

台灣土生土長的鬥牛陣，誕生的靈感來自早期農業社會，家家戶戶都養一兩頭牛，畜牲與畜牲看不對眼，或者人與人為爭水頭草尾，互不相讓即可能爆發打鬥的情景。現今出現在民俗慶典中的鬥牛陣，共有兩頭牛和兩位牧童組成，一上了陣，先是牛鬥牛，接著是牛鬥人、人鬥牛，最後是人鬥人，由於鬥得逼真，牛頂人毫不客氣，人打牛也手不容情，經常被不明究理的觀眾誤以為是真鬥。

集中在台灣中南部的鬥牛陣，牛身是用鐵皮或用藤條紮成的硬殼，再裝扮成黃牛或水牛的模樣，一人舞頭一人舞尾，另一位牧童則頭戴斗笠，手拿藤條。互鬥時，牛的頭、角和牧童上的藤條都是利器，表演沒有章法可言，完全只看如何演得最逼真為主，場面非常激烈，最是早期台灣社會農民生活樣貌的具體呈現。

●人牛互鬥的鬥牛陣。

跳鼓陣

迎神賽會中出現的各種陣頭，大部分是屬於活潑趣味性的隊伍，跳鼓陣當屬趣味陣頭中，最重要而常見的一項。

同時擁有大鼓陣、鼓花陣、大鼓弄等多種名稱的跳鼓陣，無論那一個稱呼都說明它和鼓最直接的關係，它的演出，則是藉著鼓跳躍變化出花巧的隊形變化。一般而言，跳鼓陣的成員是八至十人，由一人執頭旗前導，一人執涼傘，一或兩人胸前揹大鼓，後隨三至四人持銅鑼，表演時以明亮的鼓聲主導，鑼聲隨著鼓聲變化，演出的項目包括三開四門、涼傘翻鼓、空穿什花、仰腰開花、交錯過人、疊羅漢等等，近年為市場競爭的需要，同時也為賺一點小費，還添加了仰腰傳煙、仰腰咬錢等項目。

跳鼓陣源起之初，原為男性的陣頭，鼓樂也頗有軍鼓的味道，戰後漸有女子加入，如今南部地區出現的職業陣頭中，不少全為女性，表演的內容也以多種變化的疊羅漢和仰腰咬錢的特技為主。

●跳鼓陣的頭旗，爲全陣的指揮。

●跳鼓陣最常表演的穿腰咬錢。

雙生相搏陣

精采熱鬧的跳鼓陣，自八〇年代以降受到廣大羣眾的喜愛，大部分的迎神場合都可見到它的蹤影，規模較大的場合，甚至常可見到一團接一團表演的情形，職業性的跳鼓陣於焉產生。職業陣頭為了生意的競爭，紛紛創新內容與表演形式，雙生相搏陣便是台南飛鷹民俗技藝館自創的陣頭。

雙生相搏陣亦稱雙生陣，表演的重點是兩個孩子「相搏」（打架），妙的是此陣卻僅一人演出，表演者手腳各穿一雙鞋子，背上揹著兩位互作擁抱狀的假人，假人的腰身之下則著一條大蓬裙，演出時表演者雙手著地，腰部弓起，大蓬裙順勢蓋下，看起來就像是兩個相互競力的孩子，加上表演者手腳不斷前後左右移動，忽上忽下，忽前忽後，看起來就像是那兩個「雙生子」扭打一團似的，相當精采動人。

附屬於跳鼓陣中一個節目的雙生相搏陣，它的創意和帶給觀眾的趣味，絕不輸給任何一個大型的陣頭。

●雙生相搏其實只有一人表演。

●車鼓戲曾廣受歡迎。

車鼓陣

車鼓戲是台灣地區相當受歡迎的小戲之一，它發展自清初，盛行於清中、末葉，日治時期因有傷風化的理由被禁演，但仍一直在民間流傳著，俗話說：「看了車鼓陣，到老無志氣」，足以說明它被禁的原因，也不難窺出受到人們歡迎的理由。

由一丑一旦或一丑雙旦搭配演出，月琴、殼仔弦、二弦為配樂的車鼓戲，最早都在固定的平台上，以小戲的型態演出，八〇年代以降，逐漸演變為陣頭化，出現在迎神賽會的場合。

丑角雙手打四寶；旦角一手持扇、一手揮手帕。或互相調笑、或者互送秋波、或者打罵逗趣以吸引觀眾的車鼓陣，表演結構基本上以小戲為藍本加以簡化；服裝以民初的男女服飾為主。為了方便行進，後場則以音樂帶替代，雖然如此，丑和旦機妙的演出，仍最令人難忘。

挽茶車鼓陣

挽茶車鼓和車鼓戲，彼此間的關係相當密切，不僅表演的型態有頗多雷同之處，它們的發展也同樣由民間小戲逐漸走上表演陣頭。

結合採茶歌調以及車鼓戲而成的挽茶車鼓，封建社會時代一直被視為淫戲，主因演出的劇目如：《桃花過渡》、《病囝歌》、《五更鼓》、《十八摸》、《失戀亭》等不是涉及男女私情，就是調笑對罵，因而一直不被保守人士所接受。

演出時常以一只甩籃做為和觀眾打成一片的橋樑，挽茶車鼓不僅更富變化，更可以藉著旦角將小竹籃拋向觀眾的機會，挑逗羣眾們的情緒，羣眾在接到籃子後，大多也很樂意放個小禮物回應，顯示這個小戲具有相當濃厚的可親近性。

演變成迎神陣頭之一的挽茶車鼓陣，依舊保有甩籃的特殊表演，只是為配合隊伍前進，甚少演出完整的劇目，大多只是順口溜之類的趣味對答而已。

●挽茶車鼓最能挑動觀眾的情緒。

布馬陣

布馬陣是一個典型的民間小戲陣頭，發展的歷史相當久遠，明代便已發展成形，漢人渡海來台，將這小戲傳到台灣，在中部地區發展傳承。今天，布馬陣雖在宜蘭及中南部地區都可見到，但最主要的流派，仍集中在彰化埔心及西螺一帶，其中又以「樂元堂」一支最具代表性。

以竹木為架，用布包裹而成的布馬，是布馬陣的重心，另需一位著狀元服的小生，一位扮馬伕的丑角及一兩位隨從，後場也需兩、三人，以嗩吶、鑼鼓及鐃鈸為主，演出時，狀元身上掛馬前後兩截的布馬，馬伕持馬鞭或搖槳，在鑼鼓樂熱鬧的烘喧下，狀元騎著布馬得意洋洋地出場了。

輕鬆逗趣的布馬陣，表演的節目大致可分為兩大類：一是迎神賽會的熱鬧活動，如《拜馬》、《參神》、《三仙門》、《四門》、《困塘》、《五方》皆是；另一類為民俗祭煞的儀式，如《八卦》、《七星》等，惜後幾項節目今不多見。

●表演《困塘》節目的布馬陣。

▲扮相逗趣奇特的布馬陣和馬僮。
◀布馬陣的有趣造型。

七響陣

技藝乞丐的打七響，是一項相當困難的技藝，必須經過一段時間的訓練，才能夠流暢地依序雙掌合拍，再拍打大腿上側兩下，然後雙手交錯互拍肩膀，最後左右拍打前胸，七個動作必須很快完成，並重覆數次，直到觀眾眼花撩亂，鼓掌叫好，也才能贏得觀眾的賞賜。

因打七響而生的七響陣，主要的表演項目乃是打七響，早年曾為車鼓陣的一支，「車鼓：：若兩組表演，則一組的丑角拿錢鼓，或以空手敲打身體與手、肘、膝、肩等七個部位，此即「打七響」，這亦是花鼓的表演形式之一。」（邱坤良編《中國傳統戲曲音樂》）。

盛行於台灣中南部的七響陣，由於裝扮及演出和車鼓陣頗為類似，常被混為一談，七響陣的特色除了打七響，還有三個老丑，或擔麳芷（草編布的袋子）、或挑竹筒、或挑花籃、演出時以此三人打七響，是陣中的靈魂人物，其他的配角，則以翻觔斗、疊羅漢等特技演出吸引觀眾。

●七響陣常被誤為車鼓陣。

水族陣

各種新興的民俗藝陣中，水族陣顯然是受到台灣四面環海，水產眾多而生的陣頭。

八〇年代始興的水族陣，是一種由孩子裝扮成各種水中生物，集體上場表演的陣頭，扮演的種類並無限制，完全看道具的製作以及參與表演人數的多寡決定，不過基礎的成員至少包括：白鷺鷥、螃蟹、龜、鯉魚、龍、蛤、海鳥、烏賊、蝦子……等項，每個生物可由一至三人裝扮，人愈多場面愈壯觀好看。

大多為唸國小孩童裝扮成的水族陣，出陣時並沒有特殊的戲目表演，大多以搖擺道具或跑跑跳跳為主，但因打扮可愛，每每出場，都贏得眾人的掌聲。八〇年代末期，有些跑旱船陣為增加可看性，也自組了水族陣讓兩者融合在一起，成為水族大陣，不僅場面可觀，也更豐富了內涵。

●造型可愛的水族陣。

跑旱船陣

民俗廟會的藝陣中，有許多陣頭以男女行歌互答為表演的方式，跑旱船陣便是其中典型的一例。

脫胎於歌藝小戲《桃花過渡》而來的跑旱船陣，是個規模迷你的陣頭，一人扮男演撐船伯，女角則扮過渡者，另有一人負責放音樂或由兩三人負責後場，如此便可以上陣了。

跑旱船陣的道具是船，卻是一艘用木架和布紮成船型。底部中空的船，撐船伯就站在船中間，肩上還有一條繩子背著船，手持一船槳，頭戴小丑帽或斗笠，唇上再貼一副誇張的八字鬍子，過渡女或穿民初衣著、或穿鳳仙裝，手持絲巾，故事從女旦欲搭渡開始，一連串都是相互調戲的情節，偶爾船伕探前，偶爾女旦驅後，演出相當活潑、逗趣。

除了土產風格的跑旱船陣，另有政府大力提倡的民間遊藝式跑旱船，這類承襲自中國的跑旱船，風格和本土產品格格不入，幸好僅在官辦的活動中才出現。

●邊唱邊划的跑旱船陣。

公揹婆陣

台灣民間藝陣中，公揹婆陣當屬規模最小，歷史卻相當悠久的陣頭，它由一人成陣，無需旁襯，無需配樂，依舊可逗得觀眾為之一樂，古來便相當受到歡迎。

公揹婆陣或稱尪婆陣，由一人表演，卻裝扮成兩人的化粧表演陣頭。南北各地都可見到的公揹婆陣，大都由老先生演出，化裝成老太婆的上半身及老阿公的下半身，其餘老阿公的上半身及老太婆的下半身，則是偶人道具，分別裝成表演者的前胸及臀後，看起來就像是個老阿公揹著老太婆似的。

以丑戲為主的公揹婆陣，規模雖小，卻有扮相花俏、演出自由的優點，夾雜在陣容龐大的迎神隊伍中，一點都不失色，甚至遠遠看到公揹婆陣三八嬌媚的走來，便引起許多人們的興趣談論。

●以逗趣引人的公揹婆陣。

十二婆姐陣

取材於民間信仰中婆姐母觀念而來，由三十六婆姐神感化而成的十二婆姐陣，是台灣民俗藝陣中，最著名的面具表演陣頭。

傳說中的三十六婆姐，為陳靖姑所收服的妖女，陳靖姑得道後，傳授他們仙法靈術，共同成為助產扶嬰的能手，民間奉他們為嬰兒的守護神，臨水夫人廟中大都也供有三十六婆姐神位。

受限於規模減成三分之一的十二婆姐陣，同樣也扮演著嬰兒及婦女守護神的角色，由十二人扮演婆姐，另兩人扮演婆姐母及婆姐子，表演時以縱隊及繞圈打轉為主，唯一的節制是用鼓聲控制腳步，不能太快或太慢。

身穿彩艷鳳仙裝、頭戴婆姐面具、左手撐傘、右手拿扇的十二婆姐，清一色都由男性扮成，目前台灣也僅在新營及麻豆各有一團，台北的國立藝術學院學生也曾模仿組成一團，但僅曇花一現，並沒有什麼發展前景可言。

●全由男性扮演的十二婆姐。

●十二婆姐為孩童的守護神，頗受歡迎。

天子門生陣

屬於墾拓型的台灣社會，早年環境惡劣，墾拓不易以及移民對風土氣候的不適應，直接反應在人民的生活上，技藝乞丐於焉誕生。這類的乞丐不幸淪為乞丐，卻也希望憑著技藝換取一頓飯飽，舊時技藝乞丐中，就是奏南音、打七響以贏得賞賜的。

現存的民俗藝陣中，有三類和乞丐技藝有關，都被視為乞丐陣，天子門生陣為最具代表性的一陣。

天子門生陣或稱天子文生陣，相傳鄭元和落難時曾以乞丐維生，後終考中狀元，位達三公，死後被追封為「天子門生」，此後丐幫兄弟乃以此自豪，台灣各地的乞丐寮，也都稱為「天子門生府」。

盛行於南台灣的天子門生陣，為典型的南管陣頭，成員約在十人上下，每人分別執掌南管樂器，如月琴、二弦、三弦、橫笛、拍板等，演出時並無特別的動作或花招，只以整齊的隊伍，演奏典雅的南音，在熱鬧喧天的民俗廟會中獨樹一格。

●天子門生陣又稱爲太平歌陣。

●文武郎君的裝扮相當特殊。

文武郎君陣

同樣屬於乞丐陣頭之一的文武郎君陣，其屬性、特色和演出和天子門生陣有許多重疊之處，且此陣全台僅台南佳里鎮山宮一團而已，若非他們自稱「榮昌堂文武郎君陣」，加上白長衫、黃色瓜皮帽與眾不同，否則實很難和天子門生陣分得清楚。

演出型態、陣頭成員、使用樂曲都和天子門生陣雷同的文武郎君陣，其名稱的由來，傳為南管樂祖師爺孟府郎君的訛稱而來，最特殊的是它為鎮山宮專設的陣頭，創設的目的僅為參與三年一科的西港燒王船大刈香，平常並不易見到，不過在一九八七年的佳里金唐殿大刈香，也曾出來「鬥鬧熱」，此外絕少有機會在其他地方見到這個特殊的陣頭。

落地掃陣

誕生於台灣的歌仔戲，原本是民間農閒時期的說唱，後經歌仔助的組織與改良，慢慢演變成一種可以表演的戲曲，歷經了落地掃的過程，終而發展成台灣土生土長的大戲。如今，歌仔戲已成為民間最受歡迎的劇種，而最初的落地掃，至今也沒有滅絕，並轉換成一種陣頭，於神誕慶典時，邊走邊唱著歌仔調。

落地掃顧名思義，乃指落地的表演，它的舞台就在地上，演員們的打扮也較簡略，大都是著民初便裝、化淡粧。生角頭戴尼絨帽，旦角手拿絲巾，旁邊還有一、兩位丑角或雜角相隨，後面則是鑼鼓、嗩吶、大管弦等樂手，一路跟隨著遊神隊伍，邊走邊唱邊演，因受到野地環境及後場簡單等因素影響，演出的劇目都以小戲為主，且往往僅取其中一段反覆表演。

受到傳統歌仔戲的影響，落地掃陣以宜蘭為大本營，成為當地迎神賽會不可或缺的陣頭。此地之外，僅在台北縣偶可見到。

●盛行於宜蘭地區的落地掃陣。

三藏陣

從《三藏取經》故事為藍本發展出來的三藏陣，除了故事來自中國，其餘十足都是台灣土生土長的陣頭。

目前僅在台南縣西港鄉出現的一團三藏陣，劇團的歷史不久，演出的戲目也完全取材自戲曲中的唐三藏或孫悟空故事，如《蟠桃會》、《唐僧收石猴》等等，全部的表演彷彿是一齣完整的小戲，長達一、兩個鐘頭，因受廟會時間限制，演出時間往往不及二十分鐘，因此大都僅演出七仙女準備向西王母拜壽，受孫悟空調戲這段戲。全場的賣點都集中在精巧調皮的孫悟空身上，名為三藏陣，卻不見唐僧出現。

著簡便戲服，化淡戲粧，唱七字調，兼有口白雜唸的三藏陣，其實是歌仔戲的陣頭化，和宜蘭地區的落地掃陣相當類似，只是三藏陣表演的項目僅限於三藏陣的故事，唱工和作工也不考究，重點反而在如何別出心裁，引人開心。

●三藏陣中孫悟空大戰七仙女。

將爺陣

將爺陣為鹿港地區特有的陣頭，屬於田都元帥的麾下，乃是組合一些陰曹地府的鬼役而成，因此也被稱為鬼隊。

由六人分別扮演夜叉，再加上金雞、玉犬、七爺、八爺、最後由兩人持涼傘護陣的將爺陣，最引人注目的首推夜叉，「小鬼也叫夜叉，六人分成兩排，造形近似，皆臉戴『鬼』面具，身穿獸皮衣、紅長褲，腳著草鞋、白襪，肚子隆凸，面目猙獰，沿路跺地，製造『鏘鏘』怪聲，響天嘎響，氣勢威懾而恐怖……」（黃文博《台灣藝陣傳奇》），這些小鬼們的主要任務僅開路引道而已，後面的金雞玉犬和七爺八爺，才是主司緝惡捕惡的主要角色。

嚴格說來，只能算是玉渠宮田都元帥私人武力的將爺陣，僅在鹿港地區的迎神賽會中才可見到。

●鹿港特有的將爺陣。（黃文博／攝影）

獬豸（麒麟）陣

●新埔特有的麒麟隊。

民間信仰中，有許多的靈獸，大多來自中國上古時代的神話而來，獬豸和麒麟都是因神話而生的動物。獬豸又叫觟觽，因嫉惡如仇而稱著，清陳元龍撰《格致鏡原》謂：「有獸如羊，一角，毛青，四足，性忠直，見人鬥則觸不直，聞人論則咋不正，名曰獬豸，一名任法獸……」；麒麟則有公母之分，公的叫麒、母的叫麟，形貌為羊頭、鹿身、牛尾、馬腳，全身為黃色，有鱗斑，傳說中可送子而來，因而一直廣受歡迎。

迎神的陣頭之中，也有獬豸陣的出現，為新竹縣新埔鎮客家人特有，為打擊土匪、彰顯正義而生的陣頭，卻因眾人多不識獬豸，而誤為麒麟，至今甚至人們多以麒麟陣稱之，而不叫獬豸陣。為避免一個陣頭因名稱差異而被誤為兩陣，乃以獬豸（麒麟）陣稱之。

獬豸（麒麟）陣演出時，有鑼鼓以為伴奏，一人持寶珠在前引導，四人共弄兩頭獨角青麟的巨獸，表演類似舞獅，但體型巨大且多為硬殼，行動受到許多限制。

客家人本身較不重視迎神賽會，獬豸（麒麟）陣表演的機會自然較少，僅在一年一度的義民節及其他特定邀請的演出，較有機會看到他們的身影。

素蘭小姐陣

戰後新創的民俗藝陣，其靈感可以來自民間故事、傳統產業、生活題材以至於流行歌曲。素蘭小姐陣頭很明顯的，是一個靈感來自流行歌曲，取材自傳統婚俗及日本統治經驗的綜合性陣頭。

屬於化粧表演陣頭的素蘭小姐陣，又稱素蘭出嫁陣，主要的精神完全來自〈素蘭小姐欲出嫁〉歌曲，設計出帶路者、素蘭小姐、伴娘、扛轎者以及老媒婆等人物，扮相或以民初的鳳仙裝，或者簡單的白紗禮服，甚至全套日式和服不一而足，演出時完全以〈素蘭小姐欲出嫁〉為配樂，隊伍呈一縱隊排列，每個人隨著歌聲起舞，或進或退，或繞圈打轉，只求活潑生動，全無章法可言。

素蘭小姐陣的服裝扮相，經常會看到全日式的打扮或者東洋風味極濃的東西，因而也最常被批評，然而，這個現象，不過是老一輩人日本經驗的回憶罷了。

●全日式打扮的素蘭小姐陣。

▼純台灣風味的素蘭小姐陣，最爲珍貴。

◀清代打扮的素蘭小姐陣。

原住民歌舞陣

台灣的原住民族，分佈的地方都在高山峻嶺或較偏遠之處，和漢人全無重疊之處，文化上更是完全不同的體系，因而漢人一直對原住民的風土民俗，抱著奇風異俗的眼光看待，每每較大規模的原住民祭典，總會吸引許多漢人好奇的眼光，最能說明這個現象。

民間俗稱為「番仔舞陣」的原住民歌舞陣，顯然是漢人對原住民文化好奇的延續，漢人雖對原住民文化充滿好奇，卻又不深入認識與了解，便取其表象加以創造運用，因而才會在全漢人風俗的廟會中，出現著原住民服裝，播放〈高山青〉、〈娜魯灣情歌〉音樂帶，邊跳著歌舞的陣頭，在迎神賽會中顯得非常突兀，卻也滿足了漢人好奇的需求。

八〇年代以後才出現的原住民歌舞陣，全都是職業性的陣頭，其中雖有少數為排灣族人自組的陣頭，但大都為商人組成，由漢人穿上仿原住民服飾的「假」原住民歌舞陣。

●滿足漢人好奇需求的原住民歌舞陣。

●布袋戲車上的布袋戲，只是擺擺樣子而已。

布袋戲車

各式各樣的熱鬧隊中，布袋戲車既不屬於藝閣，也不屬於陣頭，甚至也不算是野台戲，而是一種隨隊遊行，設簡陋戲台擺尪仔放音樂的流動表演舞台。

大約在七〇年代末期算起的布袋戲車，乃是金光布袋戲興起之後，仿效而生的產物，以彩繪布景的舞台裝置在小卡車上，以便跟著迎神隊伍一路走一路表演，但因舞台狹小，行動演出較不方便，再加上缺乏觀眾，因此經常可看到簡陋的舞台上，只是用固定的支架撐起三尊福祿壽三仙，擺擺樣子，同時大聲播放著扮仙音樂而已，除非神轎停駕，鮮少可見到實際演出的情形。

布袋戲車雖只是擺擺樣子，卻因價格便宜，又可忝為一個陣頭，中南部的迎神賽會中，一直有其生存的空間。

▲光天化日下，暴露下體的電子琴花車女郎。

◀衣著暴露的女郎，又唱又跳。

電子琴花車

八〇年代初期，誕生於雲林沿海鄉鎮的電子琴花車，挾著聲光與色情的誘惑，在短短幾年內，發展成台灣中南部地區最重要的陣頭，且範圍不僅於迎神賽會，甚至婚喪喜慶，也是不可或缺的的陣頭。

由小貨車改裝成流動舞台，聲光音響、富麗裝潢一應俱全的電子琴花車，原為送葬隊伍中的電子琴車蛻變而來，後來加上暴露衣著的女郎歌舞後，竟然成了一股旋風，颳得到處都受到歡迎，而在業者競爭以及人民的需求下，很快地就往色情的路上發展。八〇年代中期，大家樂最興盛的那段期間，光天化日脫光衣服表演的電子琴花車隨處可見，近年來情況雖稍加收斂，但這種流動的色情車，仍是迎神賽會中的強勢陣頭。至今為止，除了極少數的迎神賽會能夠完全拒絕它的參與，其餘大小廟會，彷彿少了電子琴花車，便不「精采」似的！

電子琴花車能在短短的幾年內，取代了許多歷史悠久的陣頭，充份映現出現代人不重內容，只重感官刺激的生活品質。

大神尪仔

迎神賽會的熱鬧隊之中，除了家將團以及為了熱鬧、喜氣而設的藝閣、陣頭，更有一種身高及體型大過人體數倍，以木材雕成頭部，竹子編成身體，外著衣服的大神尪仔，也稱作大仙尪仔。

大神尪仔只是一種統稱，四個字的組合中，說明了這是一種尪仔性質的巨大神祇，這些神祇完全都是主神的部將，換句話說，只要是主神的部將，都可以裝扮成巨大、令人望之敬仰或者生畏的大神尪仔。

外表與神像並無二致，內部中空的大神尪仔，出巡時，都由人的肩膀扛抬起神尪，行進時故意左右搖擺，讓神尪的雙手大幅晃動，以顯示神尪的威嚴，此外，另有一種造形較小的神尪，肢體部份都由真人的手穿入神衣內操控，其演出形式雖不同，但仍屬於大神尪仔的一類。

●淡水地區特殊的四大天王尪仔。

千里眼

千里眼為媽祖駕前首席左護駕，又稱金精將軍，祂和順風耳同為媽祖駕前的首席護衛，每一次出巡，都可見到祂們在前開道。

民間傳說中，千里眼和順風耳原為湄洲西北方桃花山上的金精和水精，前者能眼觀千里，後者能耳聽千里，法術高強，經常肆虐地方，橫行無忌，無人能降服他們，媽祖乃毅然前去桃花山，將羅帕一揮，兩妖便敗在祂的手下，媽祖不忍殺生，將兩人收為部下，從此便成最忠誠的左右護法。

長相猙獰、面色藍靛、眼大如燈、巨口獠牙的千里眼，最大的特徵是一手常放在眼上，狀似觀看狀，以示祂眼觀千里的能耐。迎神隊伍中的大神尪仔，雖然不像神像一直將手置於眼上，但光看那雙如金燈般的大眼，大概都可以猜得到祂就是千里眼。

●千里眼和順風耳，總是形影不離。

順風耳

和千里眼同為媽祖駕前護法的順風耳，又稱水精將軍，傳為水精修練而成。造形的特色是頂生雙角、面似瓜皮、臉色硃砂、獠牙巨尖、血口大盆，看起來相當可怕，特徵則是把手置於耳後，以為傾聽千里之外的聲音。

演義小說《封神榜》也有一段描繪千里眼和順風耳的故事，說祂們乃是棋盤山的桃精和柳鬼，千里眼化名高明，順風耳化名高覺，投入紂王旗下，和姜子牙對決，姜子牙先後派出哪吒、李靖、楊任，都無法將祂們收服，最後經由師父玉鼎真人的指點，燒了山上的桃樹和柳樹，又佈下天羅地網，釘下桃樁，安置符令，兩怪終於被姜子牙收服。

無論是桃精柳鬼，或者金水之精，千里眼、順風耳正代表著棄邪歸正的典型，因而，祂們從舊時代一直到新社會，都受到人們的重視。

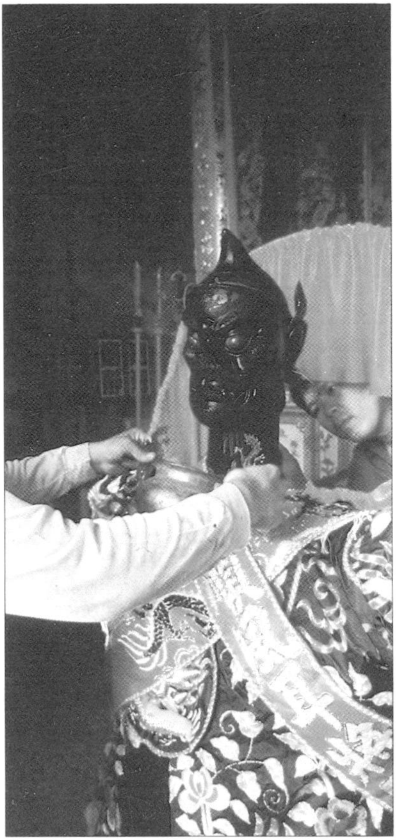

●順風耳的特徵是手指著耳朵。

三目楊戩

除了迎神賽會之外，也常出現在各種民間遊藝場合中的大神尪仔，許多人物取材自演義小說，其中又以諸神成神的藍本——《封神榜》最受到歡迎。

二郎神楊戩正是《封神榜》中的要角之一，大神尪仔隊自然不會錯過這個角色。身材高大英挺、相貌堂堂的楊戩，最大的特徵是額上多了一顆三星眼，可透視妖魔鬼怪的原形，走在隊伍中，鶴立雞羣的形貌，相當吸引人們的注目。

民間信仰中的二郎神，也是善男信女們虔誠敬奉的主神之一，甚至有專祀的寺廟。然而在迎神的大神尪仔中，祂的地位只能扮演主神的一個副將而已，跟隨在香陣之中，由於額上的三星眼，使得人們一眼就能辨識出祂的身份。

●扮作大神尪仔的楊戩，並不多見。

趙康二元帥

大神尪仔雖然本身也具有神的身份，但主要的功能在於開道以及增加排場，因此裝成神尪的，大多為主神的部將，趙康二元帥便是玄天上帝的部將。

民間傳說中，玄天上帝修道時，曾自取出臟和腑丟到海中，沒想到卻化成龜精和蛇精害人，玄天上帝只得施法將祂們收服，是為龜聖公及蛇聖公，也稱趙元帥和康元帥。

趙康二元帥身材高大、面目清秀，只要玄天上帝出巡，大多可以看到祂們，大搖大擺地開道護主。

由於大神尪仔較重遊藝性質，對神明主從關係限制較不嚴格，因而在其他的迎神賽會中，也常有機會看到趙康二元帥的蹤影。

●趙康二元帥處處可見。

張巡許遠

張巡和許遠，為唐開元年間，死守睢陽城的大將，死後玉皇大帝嘉勉其志節，封為保儀尊王和保儀大夫，後來由於指引高、林、張三姓人遷往安溪，闢建新的家園，安溪日漸發達後，二神遂為安溪人的守護神。

民間信仰中，保儀尊王和保儀大夫都已成主神，卻仍被裝成大神尪仔，主要的原因是祂們的主要職司是驅除蟲害、保護禾苗，俗信所到之處，所有的蛇螌疫病都將滅絕，因此早年地方若有不靖，常請此二神將出巡繞境，以保闔境平安。

粉臉素面、高大英挺的張巡和許遠，大多著戰盔、穿戰甲，表現出英氣逼人、正義凜然的形貌。

●張巡許遠出巡，可祛蟲害。

●造型可愛的金童玉女。

金童玉女

種類繁多的大神尪仔中，金童玉女是最討人喜愛且常見的一對。

金童和玉女是許多佛道神前最易見的隨從，觀世音菩薩殿前的侍從，最多的就是祂們二位。《雲笈七籤》載：「玉華之女，金晨之童，各三千人。」，李叔還編《道教大辭典》又載：「道家謂仙人所居，有童男女伺應，稱金童玉女。」。

屬於兒童神的金童玉女，造形正如童子般，相當可愛，在迎神隊伍中，更是活潑靈巧，一路蹦蹦跳跳，相當討人喜愛。有些父母認為祂們童心未泯，是孩子最好的守護神，常請祂們為孩子消災解運，經常就在迎神賽會途中，就可見到許多人帶着孩子的衣服，請這兩位大神尪仔施展法力，庇佑孩子順利平安成長。

金雞玉犬

金雞和玉犬，在通俗信仰中，為田都元帥收服的忠禽，也是最得力的左右副將，迎神賽會中，也扮作大神尪仔，只是並不普遍，僅在少數職業團體中才可見到。

除了戲神田都元帥的部將，金雞玉犬也是許多雞鴨販子或者菜市場的小販所組成神明會的成員。他們信奉金雞和玉犬的來由不可考，推測可能與所販售的東西有關。金雞和玉犬的神像，都是立像，雞頭人身和狗頭人身，大神尪仔的造形，與神像相當類似，但並不普遍，不過只要出巡，其特殊的造形，必引起觀眾的熱烈圍觀。

▼金鷄玉犬爲田都元帥的部將。

達摩祖師

達摩祖師是十八羅漢中排名第二者，因曾在少林寺中傳授佛家，又自創達摩拳，成為民間武俠故事中的要角，許多國術館都奉祀為祖師，在民間的通俗信仰中，也比其他十七羅漢更受到人們的敬奉。

裝扮成大神尪仔的達摩祖師，釋迦頭，身披袈裟，手持拂塵，腳穿草鞋，胸前掛一串大佛珠，造形相當突出，遠遠便能吸引人們的注目。

十八羅漢一般配祀於觀世音菩薩，達摩祖師最常出現的場合，也都在相關的出巡繞境中，不過許多道教的神祇出巡，也都會搬請祂出來助威。

●濃眉大眼的達摩祖師。

●活蹦亂跳的哪吒三太子。

哪吒三太子

哪吒三太子又稱中壇元帥或哪吒，傳為商陳塘關總兵李靖的三子，因故打死東海龍王之子敖丙，乃剖腹剔腸，將骨肉還給父母，幸得太乙真人相救，「以玉蓮池中蓮花二枝，荷葉三片，化身重生。武王伐殷，助成大業。與其父等肉身成聖，被目為通俗道教中神兵、神將之統帥。」（王國璠《台北市歲時紀》）。

大神尪仔中，五營元帥之首的中壇元帥，為童身扮相，頭留髮髻，臉頰上有兩粒大酒渦，一手持長槍，一手持鐵環，造形相當可愛，出陣時常常三人同行，另兩神造形類似，但大多不是哪吒，而是哪吒另兩位不大出名的兄長金吒和木吒，三人合稱，就叫哪吒三太子。

彌勒佛

彌勒佛也是十八羅漢的基本成員之一，正式的稱呼是彌勒尊者，民間依其特質，常俗稱作醉彌勒或笑彌勒。

造形圓滾、胸大肚肥的彌勒佛，整張臉也是圓圓胖胖的，耳朵肥大垂肩，笑口常開，被認為是福氣與歡笑的象徵，因此一直廣受到歡迎。

大神尪仔中的彌勒佛，常兩尊或三尊一起行動，組成一個彌勒團，一路上忽前忽後，或左或右，不只熱鬧有趣，生動活潑，更為沿街的善信帶來了最大的歡樂與期待。

●笑口常開的彌勒佛。

●恩恩愛愛的土地公和土地婆。

土地公和土地婆

土地公和土地婆，在民間信仰中正好代表著慈祥可親與自私計較的兩種典型，民間一般僅奉土地公而不奉土地婆，主要的理由就是厭惡土地婆的自私以及見不得人好的心態。

矮矮胖胖的土地公，也是大神尪仔主要的角色之一。具有親善、守護與賜福等形象的土地公，滿臉皺紋，白髮、白眉及白鬚，一手持拐杖，另一手抓了個大元寶，一般都走在大神尪仔的前端，遇到大人希望給他們賜福添財；遇到孩子可能就在口袋裡抓一把糖果丟給大家搶，難怪所到之處受盡了歡迎。

土地婆偶而也有機會被裝成大神尪仔遊街，梳舊式包頭、白髮蒼蒼的土地婆，也換成了和藹可親的形象，跟隨在土地公身旁，希望也給人們帶來歡笑和幸福。

保正伯婆

傳統的故事與人物，雖然是迎神賽會最重要的主角，然而，海洋文化型的台灣，也特別容易接受新的文化。大神尪仔隊中的保正伯、保正婆或者老長壽、巡查大人，都是取材自日治時代，生活周遭的真實人物。

保正是日治時代村長之類的人物，保正伯和保正婆，扮的正是村中的領袖，又具親善可親的特質；老長壽指的是健康、長壽而又快樂的老人，吸著煙斗走在路上，頗富趣味性；巡查大人指的是日本時代的警察，這個角色代表的是有別於七爺八爺，而為新一代的司法人物吧！

大神尪仔的新角色出現，顯示民間信仰並沒有排斥新時代與新文化。

●代表新時代的保正伯和保正婆。

謝將軍

民間傳說中的謝將軍，本名謝必安，俗稱七爺「因按一爺、二爺、三爺、四爺、五爺、六爺順序排列，恰巧謝將軍排行第七，范將軍排行第八」〈恭祝台北霞海城隍廟渡台一百六十週年新安建醮紀念簡介〉，客家人則稱作高爺，主要的緣由乃因祂兩丈高的身材而得名。

全身白服，白臉吐長舌頭的謝將軍，另稱白無常，為民間信仰中相當重要的鬼將之一，閻王、城隍、嶽帝……等地府神麾下都有他的蹤影，出巡時都與范將軍一起走在神轎前開道，並負責緝捕壞人，手中持有一把羽毛扇子，俗謂每一根羽毛上，都寫著作惡之人的名字，所到之處，自然人人敬畏。

●身材高大的謝將軍。

范將軍

范將軍也就是八爺，本名范無救，身材矮壯，因而也被稱為黑無常，與白無常同為民間信仰中最重要的鬼將。

民間傳說中的范將軍與謝將軍，生前是一對非常講義氣的朋友，有次范無救與謝必安約在一座橋下不見不散，不巧謝必安竟然忘了，范無救在橋下正苦等無人，又因約定不見不散，堅持不肯離開，沒想到入夜之後洪水暴發，范無救竟緊抱著橋墩而被淹死，隔天謝必安想起約會，趕到現場為時已晚，傷痛之餘也自縊在橋邊的樹上，閻王被他們忠義的精神所感動，特命他們在麾下當差，專司緝惡捕盜之職。

▼矮而肥壯的八爺也稱黑無常。

日夜遊巡

日夜遊巡為兩尊中等身高的大神尪仔合稱，白臉的稱日遊巡，黑臉的為夜遊巡。

●日夜遊巡乃替主神遊巡四方。

無論是日遊巡或夜遊巡，都屬於陰曹地府系統中的部將，其地位與牛頭馬面或七爺八爺相彷，主神一般都隸屬於東嶽大帝，也有少數城隍爺殿前，配屬於這兩神，此外並不易見到。

顧名思義，日遊巡乃是日間遊巡四方之神，夜遊巡則為夜晚出巡者，他們的職司都是代替主神巡採民間善惡，以做為捕惡緝兇的參考。

大小鬼

大小鬼也是地府神系統中的兩個部將，無論是大鬼或是小鬼，頭上都有個髮髻，同為童子造形，但表情兇惡，令人望之生畏。俗話說：「閻王易見，小鬼難纏。」，指的正是這類的角色。

閻王麾下的大小鬼，由於年紀的關係，為所有部將中地位較低者，出巡時也不像其他部將端重行事，反是蹦蹦跳跳，四處耍玩，充份顯露童心未泯的模樣，每每引起圍觀者好奇，只是些類的大神尪仔較少見，台北及宜蘭地區的迎神賽會中才可見到。

●大小鬼相當活潑，並不令人覺得可怕。

●牛頭馬面爲閻王的從屬神。

牛頭馬面

牛頭馬面又稱牛爺、馬爺，顧名思義，乃是牛馬神化的崇拜對象。

民間也尊稱為牛將軍和馬將軍的牛頭馬面，本是閻羅王特有的從屬，俗謂祂們為站在陰曹地府中奈何橋兩端的守衛，因此祂們大多出現在喪禮的場合，尤其是較富裕人家所辦的葬禮，送葬隊伍中常會有牛頭和馬面的大神尪仔出現。

除了喪葬禮俗中的神將，有些地方的嶽帝廟，也將牛頭及馬面裝成大神尪仔，站在主神兩側，增顯主神的威靈，也警惕世人不可為惡，迎神賽會時，由人扛著走在神明之前，好不威風！

▼方相有青臉和黑臉兩種不同的造型。

方相

在台灣並不普遍的方相，在古代的中國卻是著名的開路神君，《三教源流搜神大全》載：「開路神君乃是《周禮》之方相氏是也，相傳軒轅皇帝周遊九垓，元妃螺祖死於道，令次妃好如監護，因買相以防夜蓋其始也。」，可見方相最早乃為應喪禮而生的大神尪仔，一般為送葬隊伍的前導，在台灣也出現在迎神賽會的場合中。

俗稱險道神或阡陌將軍的方相，「神身長丈餘，頭廣三尺，鬚長三尺五寸，頭赤面藍，左手執印，右手執戈……」（李叔還《道教大辭典》），因有逐邪押煞之能，常為隊伍前導，可清除邪穢，兼為主神開道。此外另有四目為方相，兩目為方俱的說法，但在台地並不見。

頭生角、兩眼圓深、獠牙突出、整臉青綠的方相，由於造形與顏色突出，且又相當罕見，民眾都視為怪物待之，每每出場，總免不了被人指指點點，猜測到底是什麼角色。

●方相在台地相當罕見。

水火將軍

水神和火神本就是民間信仰中崇祀的神明，人們祀水神以避免旱災，奉火神以避免回祿之災，但一般的奉祀不普遍，有些寺廟則裝成大神尪仔，稱為水將軍及火將軍。

大神尪仔中的水火將軍，身材高大挺拔，面目猙獰，怒目獠牙，令人望而生畏。水將軍和火將軍的造形相當接近，兩神最大的差別是青臉和紅臉，水將軍用青臉以代表水色，火將軍自然用火紅之色來代表烈焰。

迎神賽會中的水火將軍，走在神前，是最明顯的護衛，可惜一般人甚少探究他們的特殊身份，僅認定是大神尪仔之一而已。

●青臉獠牙的水將軍。

●火將軍乃是火神的化身。

●青面獠牙也是著名的鬼役。

青面獠牙

陰曹地府的諸多神將中，以七爺八爺、牛頭馬面最為普遍，此外大小鬼，青面獠牙也是著名的鬼役，常被裝做大神尪仔，於迎神賽會時遊行街頭，以收恫嚇之效。

青面和獠牙為兩尊身材高大、面目猙獰的大神尪仔，青面的特徵是整臉鐵青，陰沉肅然；獠牙乃以兩顆巨大突起的牙齒做為標誌，迎神隊伍中，兩神互為前後，在主神之前耀武揚威，準備緝捕惡人。

已經成為現代人罵人語的「青面獠牙」，在台地的奉祀並不普遍，裝成大神尪仔的青面獠牙，更是難得一見。

鹹光餅

鹹光餅又名鹹餅或光餅，是北部地區家將團及七爺八爺等大神尪仔身上最重要的配件，一般都掛在身上，分贈給沿途的善信，俗謂吃了之後可保身體健康、平安順利。每有神將出巡，沿途居民每都競相爭討鹹光餅，甚至有些較貪心的人，跟着迎神隊伍，沿途要個不停。

直徑約五公分、中間有一小孔、用麵粉製成的小餅，傳為戚繼光奉命剿福建沿海的海盜時，每每伙伕造飯時，海盜便循炊煙來襲，戚繼光為克敵制勝，不讓海盜有機可乘，乃令伙伕用麵粉製成餅，分甜、鹹兩種，甜的為征東餅，鹹的稱為光餅，也就是鹹光餅。

鹹光餅後來何以成為家將以及神尪身上的重要物品，早已不可考。民間俗信鹹光餅掛在家將或大神尪仔身上，則有辟邪祛禍的功能，尤其是可以壓驚，孩子吃了可免受到驚嚇，順利平安長大，因而每有神將出巡，路旁常可見到伸長手討鹹光餅的大人或小孩。

●兒童吃了鹹光餅，謂可得神佑。

●神將高錢有黃色及彩色兩種。

神將高錢

神將高錢是指掛在大神尫仔、家將後腦勺、成串有菱形孔的黃紙或五彩長條符紙。

一般而言，台灣北部系統的七爺、八爺及家將團後腦掛的大多是黃色符紙；南部系統各式各樣的神將，則較常出現各色的高錢，無論黃紙或彩紙，表面雖是代表神將或家將的頭髮，實際上兩種紙錢寓意不同，五彩高錢代表神，黃色高錢卻寓意鬼。

民間傳說中，高錢可治療幼童受驚、感冒、腹痛以及種種疑難雜症，因此每每神將出巡，若有高錢掉落，善男信女們莫不爭先撿拾，有些信徒甚至乾脆用拔的，扯下家將頭上的高錢。

高錢可治療孩童百疾的說法，顯然是無稽之談，其源由乃因人們對神將或家將的信仰、敬畏轉化而來。

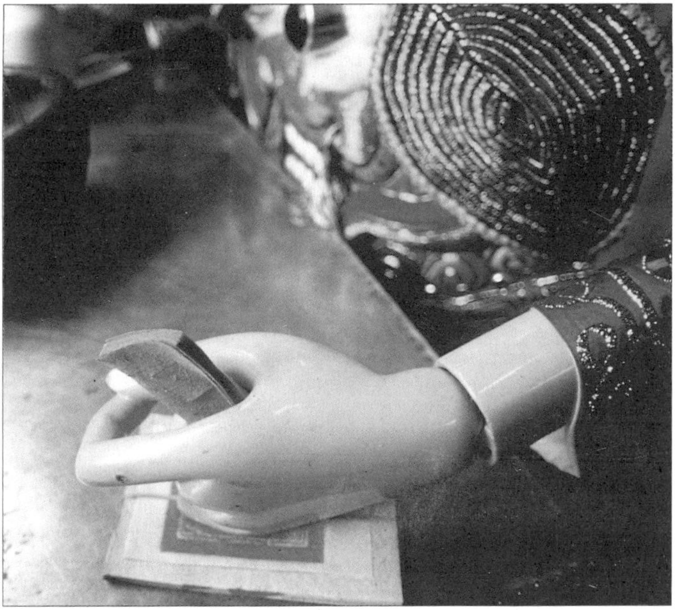

●手錢據說對身體傷痛有奇效。

手錢

手錢和高錢同為神將身上的產物，兩者最大的差別是手錢乃是握在手上的黃紙，且僅限大神尪仔手握，一般家將手持有道具或兵器，都不握手錢。

由於手錢為神將手握的紙錢，民間認定它的療效也完全不同，對手及腳的傷害特別有效，其餘身體各部份若有撞傷、瘀血或腫痛，也有相當良好的功能，使用的方法是燒化在水中，再用該水搓揉傷痛的地方便可。

除了俗信中的醫療效用，也有些人把撿來的高錢或手錢擺置在神案上，謂可增顯神靈的威力。

3／神轎組織

神明隊

進香繞境隊伍中，在熱鬧隊後殿後的，則是各種表現莊嚴氣氛的排場以及神明的大轎。排場有多或少，神轎可能只有一頂或有多頂，這些由各種神明組成的神明隊，包含了各種前來共襄盛舉的各寺廟神轎以及走在最後的主神轎。

神明隊的主角，當然是主神轎，因此一般的排場，如哨角、保駕方旗、班役、捕快……大都為主神轎而設，尤其是人羣大廟的迎神賽會，任何其他的神明，都搶不了祂的光彩。但如果是村莊聯合性的繞境活動，雖由角頭的大廟或主辦的廟宇殿後，每一個參與的寺廟，卻都會各自準備熱鬧的排場，以顯示神明的地位與威靈。

神轎之後，亦步亦趨緊緊跟隨著的善男信女，也都屬於神明隊的一部份，他們雖然沒有編制，但虔敬的心，讓他們成為最善盡職守的神明護衛者。

●神明隊的成員，大多跟神有直接的關係。

●保駕方旗爲神明隊的前導。

保駕方旗

保駕方旗為神明隊中經常可見到的特殊旗幟，往往是神明隊的前導，或者護駕在主神之前。

用布幟繡成的保駕方旗，顧名思義，乃為保駕神明的旗幟。旗上繡的主題，大多為主神的名號或陣頭的稱呼，其餘再裝飾龍鳳圖案。大致可分成兩種：一是由人手持使用的，長約一百二十公分，寬約六十公分；另一種結掛在車上的，長達兩百至三百公分，寬也有一百公分。北部地區的迎神隊中，經常會出現連續三、四十部小貨車，上載著保駕方旗遊街。

由於保駕方旗使用機會頻繁，一般廟都喜多多益善，它乃成了一般信徒或廟與廟之間，慶賀神明壽誕的最佳賀禮。

鑼鼓隊

鑼鼓陣是迎神賽會中最基礎的音樂隊伍，但並不屬於熱鬧隊，卻為凸顯主神轎前的莊嚴氣氛而被安置在主神隊中，「幾乎每轎必配屬一陣，所以俯拾皆是，到處可見，廟會氣氛倒也製造不少……」（黃文博《跟著香陣走——台灣藝陣傳奇續卷》）。

基本上由一鼓、兩鈸、多面鑼所組成的鑼鼓陣，為了方便行進中演奏，所有的樂器都可背或肩在身上。表演時以鼓為主幹，起鼓、轉調和收鼓正是演縱整個陣頭的基本，鈸及鑼完全聽命於鼓的指揮，操鼓者自然需要經驗老道，才能演得熱鬧精采而不吵雜。

鑼鼓陣也常和哨角搭配，遇要行禮致敬、興奮情事或者是哀傷場面，鑼鼓都先行以不同的鑼聲前導，再由哨角吹奏以示不同的心情和態度。

●鑼鼓隊是迎神中最主要的音樂隊伍。

哨角

迎神隊伍常吹奏的樂器，以嗩吶最為常見，另有一種外形跟嗩吶近似，長度卻多出好幾倍的「長吹」，名叫哨角。

哨角雖不能說是迎神隊伍必備的成員，但有哨角，必然成隊，走在長腳牌隊之前，每到一重要據點或廟前，便吹一陣哨角，一方面宣說主神即將到來，同時也襯顯出主神的莊嚴排場。

南北各地的哨角隊，規模並沒有一定的限制，少則二人，多則十幾二十人，哨角也有直式及L型兩種，吹奏大都依鑼鼓聲行事。鑼聲連敲十三響，為最敬禮之意，哨角隊必須吹奏以為呼應，鑼鼓隊若擊急促的亂鑼，表示令人欣喜與興奮之事，自然也要吹奏哨角表示領會。

●鹿港暗訪中的哨角隊。

班役

迎神活動中，除了各式各樣的文武陣頭，以及角頭內前來共襄盛舉的大小神轎，較具規模的進香或繞境隊伍中，神明隊中必有規模龐大的各種護衛，班役可謂其中的典型。

班役又稱為衙役或班頭，乃仿前清官府的衛士而來的隨從人員，各地或各廟的造形都不相同，但大多著清裝，手持著上書主神名號以及神威顯赫、威武肅靜、閤境平安……等長腳牌，另有許多人持各種兵器，成為壯觀的行伍，為主神清道開路。

原是為莊嚴肅穆而生的班役，在現代社會中，由於扮相特異，在迎神隊中往往成眾人好奇的焦點。

●大甲媽祖南巡的班役。

●台南市迎王的班役。

繡旗

繡旗或稱綉旗，顧名思義乃指彩繡上龍鳳吉祥圖案與主神名號或進（刈）香目的大型三角旗。

迎神賽會中，常可見到規模或大或小的繡旗隊，其目的乃在於增加迎神隊伍的規模或陣容，不過一般都僅十幾人為陣，唯僅大甲媽祖南巡，人數多達上百人。持繡旗者競爭激烈，需擲筊徵得媽祖同意，出陣時兩列排開各持著精美的繡旗，加上整齊的服裝與陣容，一直都是最受人矚目的焦點，繡旗也因而成了迎神賽會中不能略過的一個隊伍。

無論規模大小，繡旗都有宣告主題與增加排場的功能，若遇人羣混雜的場合，更可以權充維持秩序之用。

▼大甲媽祖南巡的繡旗隊，陣容龐大。

旗車隊

「數大便是美」的觀念，一直在人們的心目中根深蒂固，迎神賽會中，為了表現壯觀及氣派，總是要求多多益善，寺廟中平常所藏的各種繡旗，更是全都出動以壯聲色。

巨大而厚重的各式繡旗，大體可分三角形的繡旗、橫長方形的保駕方旗以及直式長方形的神號旗。除了特殊的迎神賽會，有專人分持各種繡旗外，一般性或地區性的迎神賽會，為節省一些請人扛抬的工資，都將它安置在車上。有的每旗設底座，下裝輪子，座座相連，前由三輪車拖拉，一隊可達十幾面旗；有的則請小貨車，左右及後方都各掛一面旗，中間還立一面高大的神號旗，數十車相連，場面也相當壯觀。

主要為了擺排場的旗車隊，嚴格說來，除了擺擺排場之外，實無其他功能與意義。

●場面壯觀的旗車隊。

長腳牌

迎神隊伍的班役，主要是扮演神轎護衛的角色，大多穿古裝，手持奇怪的木牌或兵器，相當引人注目。

班役手持的木牌，名為長腳牌，都為長方型，下有長柄可供握抱的刻牌，牌上分別有「迴避」、「肅靜」、「禁止」、「喧嘩」或者「清道」、「開路」、「閤境」、「平安」以及主神名號等字樣，此外少有其他雕飾，功用是宣告主神即將到來，八方信眾都該遵守牌令指示。

長腳牌除在出巡進香時，在轎前充當前導，平常在寺廟中，也分置在拜殿兩側，一來希望善信遵行，二來也增顯廟堂的莊嚴肅穆。

▼基隆西秦王爺神轎上的迷你長脚牌。

●台南大天后宮殿內擺置的長腳牌。

執事牌

班役手持的東西分為兩類，前面六至八面長腳牌，後面十六至二十四付造形不一，仿似兵器之物，則稱為執事牌。

執事牌顧名思義，乃是執行事務之物，因而大多為可綁、可拷、可緝、可刑之物，大體包括刀、槍、劍、鉞、戟、月斧、關刀、鐵筆、棒槌、銅索、鋼索、印架、龍頭……每一兵器都有兩付，出巡時由兩班役分持左右，平時擺置在廟中，也是左右兩列排開。

主要的功能充當主神部將執法兵器之用的執事牌，近來實用的功能漸失，日益趨向華麗精緻的裝飾功能，尤其是擺在寺廟之中，造形特異，顏色鮮艷的執事牌，往往是攝影者獵影的目標。但因一般寺廟都缺標示，許多人只覺好奇，卻也弄不清楚名稱或功用。

●大甲媽祖南巡的執事牌隊。

●台南大天后宮種類繁多的執事牌。

誦經團

誦經團是廟神慶典和迎神賽會中，經常都可見到的團體，大多由尼姑或女性組成的誦經團，也有由僧人組成的團體，規模約在十幾人之間，以唸誦經文為主要的任務，雖然並不特別起眼，卻也是少了不可的團體。

大多以黑色或藍色長衫，甚至有穿黃衣、袈裟為制服的誦經團，在廟神壽誕的場合，則在正殿為主神誦經暖壽，並為善信們消災解厄；如果是跟隨進香隊伍的誦經團，行進時大都坐在車中休息，到了主神停駕（時間較長的停駕）或駐駕的地方，則立刻為當地的神明請神祈福，並誦經為當地善信祈求福安。

誦經團裡的成員，除了誦經人員，另有樂師相伴，規模差別頗大，移動性的團體，往往簡化僅餘一架電子琴，另有人兼司木魚、銅缽；固定性的演出，甚至有整個管樂團為伴奏者。

●誦經團體在停駕時才派上用場。

●分符者和準備飲料者，都屬於雜役。

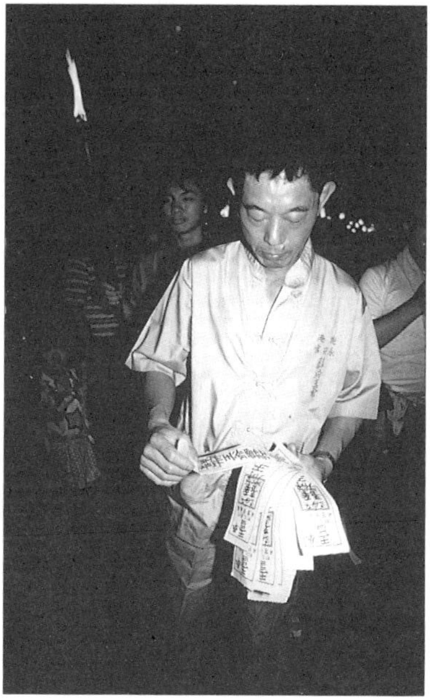

雜役

迎神賽會的行伍中，最重要的雖是成陣成隊的團體與單位，然而，那些擔任雜務，看似不起眼的雜役，角色卻相當重要，他們一直默默地為香客及善信們服務。

進香或繞境的途中，必有許多善信擺香案祭祀，香陣為表示對這些善信的感謝和主神的眷顧，便需要有道士一一到各香案淨案與領受；另還要有人挨家挨戶（或挨香案）分發平安符，表示主神集合大家平安；或有人專門為信徒換香；也有人沿途接受善信的捐獻，負責寫感謝狀答謝。此外，沿途交通管理與指揮、食物及點心的安排、住宿地點的商借……要處理得宜，不致因忙亂出錯，讓善信們不安，都需專人負責。這些人表面上不屬於香陣一員，但香陣中若缺了他們，往往便陷入進退兩難之境，可見他們的重要性。

捕快

封建社會中，緝捕犯人的工作完全由捕快負責，如今捕快雖已不存在了，但在民間信仰中，仍屬司法神的部將之一，迎神繞境中，也常可見到他們夾雜其中，招搖過市。

舊時的捕快，因官吏身份的不同，編制也有大小之別，小則十二人，大至七十二人之多。現存於迎神賽會的捕快隊，都在十至二十四人之間，且多為司法神專屬的部將，服飾仿清代的捕快制服，頭戴四方巾或圓巾，最能表現身份的則是每個人身上的刑具，包括：腳鐐、手銬、虎枷、鐵枷、銅繩、鐵鍊、藤條、皮鞭、戒棍、戒板、連環套、虎頭斬……每種刑具各有一對，由兩人分持並列前進，形成了一個獨特的隊伍，最令人側目。

●台北迎青山王的捕快。

●台北迎保生大帝的劍印童子。

劍印童子

迎神賽會的行伍之中，主神的部將除扮身大神尪仔，也有由人化粧扮身而成的例子，劍印童子便為其中一例。

劍印童子就是神明殿前的劍童與印童。大體而言，劍童和印童為王爺格以上神祇的協侍神，如關帝君、千歲爺、保生大帝……，左印童為主神管理印信，右劍童為主神配劍，兩神的地位雖不高，職務卻遠超過其他的部將。

台北大龍峒保生大帝的出巡繞境中，便有劍印童子帶印攜劍，威風凜凜地走在主神面前，兩位都由人扮演，開面化粧，身穿太子裝，一路手持著長劍和印信隨侍在側，到廟前則表演呈印遞劍，儀式簡單但動作誇大，相當引人注目。

虎爺轎

虎爺是台灣民間信仰中，地位最獨特的動物神。這種以威猛稱著的動物神，分別代表幾種不同的身份：一是張天師的部將，也是土地公的座騎，迎神賽會中，虎爺也常坐轎出來，供人們炸轎。

台灣地區的迎虎爺，最著名的是北港媽祖出巡之際，四處引鞭炮的虎爺轎。此轎為一般的大轎，轎內卻坐有數尊虎爺，抬轎之人身穿虎斑紋的虎爺裝，目標相當明顯，民間俗傳有謂：「炸虎爺轎大發」，因而商家或善信早在沿途堆成一堆堆小山丘般的鞭炮，虎爺轎一到便引火，抬轎之人也非常認份地將轎抬在炮山之上，任鞭炮亂炸。

中南部地區另有其他的虎爺，或仿北港虎爺形制、或乘四轎出行，轎上還插有許多榕枝，表示虎爺深藏山中之意，如果有人準備鞭炮，他們也得停在炮堆上，任信徒轟炸，以滿足心中的祈願。

●北港迎媽祖最著名的虎爺轎。

王駕

東港系統的迎王活動與遷船繞境中，除了大、二、三千歲的神轎，另有一面代表王爺聖駕的大令旗，殿在王爺大轎之後。

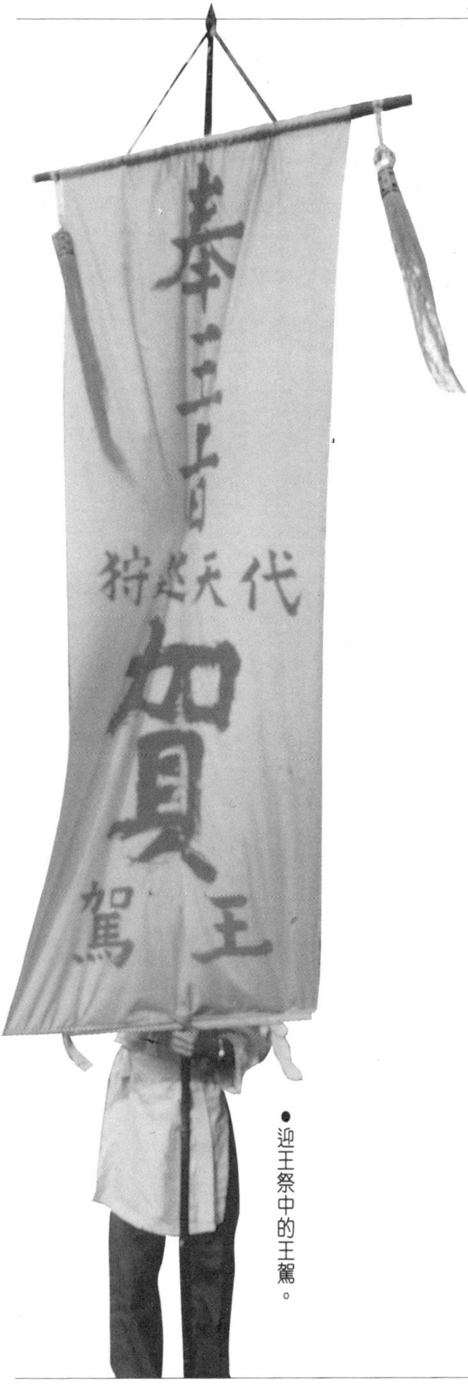

●迎王祭中的王駕。

長十尺或十二尺，寬三至四尺的王駕旗，都用黃色絹布製成，上書「奉玉旨代天巡狩賀（王爺姓氏）王駕」字樣，繫在留有「大拍尾」的綠竹上，由一人手持，緊緊跟隨在王轎之後。主要的目的一是代表王爺聖駕，同時也向境內善信公告今年這科王船祭的千歲爺姓氏。

監斬官

監斬官為東港系統的王船祭典中，隨伴在主神兩側的神將，大都由人直接繪臉著服而成，扮相近似封建社會的武將。

手持大刀，專司處斬人犯任務的監斬官，其實就是由舊社會的劊子手蛻變而來，成為王爺的隨從之後，除了原來的職司，也兼保護大轎，護衛王爺的任務。

嚴格說來，監斬官的職司與家將團或大神尪仔中的許多角色重覆，在台地並不常見，屏東南州的王船祭，每科都可見到由真人扮演，神氣活現的監斬官。

●迎王祭的監斬官。

王馬

台灣因不產馬，現實生活中，人跟馬的距離相當遙遠，王爺醮典之中，卻又處處可見馬踪，牠們主要是扮演王爺座騎的角色，地位頗為突出。

王爺醮典中所使用的馬，就稱為王馬，主要的任務是供旗牌官、先鋒官、以及四大柱、爐主、頭家等人來乘坐。有些地方王令單獨繫在馬背上而不坐人；有些地方的王馬僅坐旗牌官而已；有些地方連童乩、道士或法師也可坐在馬上遊街……，這之間的差異，顯然跟經費的預算有關，畢竟這些王馬都是臨時向馬場租來的。

除了充當王馬，馬的另一個用途，是在迎神隊伍之前擔任報馬仔的角色，但此例並不常見。

●王馬主要供旗牌官等人乘坐。

●涼傘護送神明晉殿的情形。

涼傘

任何大轎之前，必有一直筒圓形，上繡主神名號，由一人手持，沿途旋轉不停的巨傘，名為涼傘，也有人誤稱為娘傘。

直徑約一百公分，高約一百三十公分，下端綴有流蘇，上除繡有寺廟及主神名號、餘或繡有八仙、或繡著龍鳳等等圖案的涼傘，乃源自古代帝王出巡時的「華蓋」，以示出巡者的地位崇高，行伍莊隆。

神明出巡時，都乘坐在大轎裡，涼傘在轎前旋轉不停，目的是表示神格高尚，威靈顯赫。主神離轎入廟時，涼傘則護在主神上端，一路遮斷天降的穢氣，直至進入廟中為止。

▼兩神交會時，持涼傘者以七星步，旋轉涼傘以示敬意。

吞精食鬼

在王爺的諸多部將中，吞精食鬼該算是最為貼身的一對。

木雕頭、布衣、身體中空、大小及樣式都極似布袋戲偶的吞精與食鬼，傳原都為妖魔邪道，後被王爺收服後，充任王爺部將，就擔任吞妖精、食惡鬼的任務。

吞精頭戴太子冠、怒眉、青面、獠牙；食鬼頭戴金剛箍、散髮披肩、凸眼、獠牙，兩神造形都相當可怕，顯然也是藉著這猙獰面孔，才能鬥得過妖魔惡鬼！

平常的時候，吞精食鬼就立在神龕上的王爺兩側，出巡或進香時，祂倆分別站在武轎兩旁的木架上，由於形制跟布袋戲幾無兩樣（北部地區則有硬身的扮相），見過祂們的人，十之八九都誤以為是布袋戲出巡。

●外形像布袋戲的吞精食鬼。

大轎

轎是神明出巡或繞境必備的東西。一般而言，民間最普遍易見的神轎為有頂有蓋，外型如一座小廟，高約一百六十公分，寬及深各約九十公分，必須由八人扛抬的大轎。

因需八人扛抬，也稱作「八助」或「八轎」的大轎，主要的功能僅為神明乘坐而已，最早是由仕宦階層的坐轎演變而來，後轉為神明專用的坐轎後，造形反更結實，大小也稍擴大，主為顯示神明的威靈。

傳統的大轎，每轎僅坐一神，近年因出巡的性質各異，大轎裡往往不只乘坐一尊神像而已，如果是進香轎，轎內往往擠上十幾二十尊神像，繞境時的角頭轎，也會同時有較多的神明乘坐，但大廟的主神轎，無論是進香或繞境，仍維持一轎一神的舊俗。

●澎湖地區的大轎，由女性扛抬。

武轎

民間信仰中的神祇，因成神的緣由以及任務職司以及神明性格的諸多不同，可分為文、武兩大類。武轎顧名思義，為專屬武神乘坐的大轎。

轎的大小、結構與扛抬人數和大轎幾乎完全相同的武轎，文武之別在於文轎有牆有頂，只留一門僅供出入；武轎則像部敞蓬車，除了基座外，一切都是空的，神像坐在武轎上，一眼就可看到。為了表現神祇的氣派與威嚴，神像大多為特別刻製的，比一般坐在文轎中的大了好幾倍，整尊坐在轎上，差不多跟轎座齊大，如此最能表現出神明威武的架勢與莊嚴的氣度。

多為王爺、玄天上帝、關帝君、哪吒太子等陽剛之神乘坐的武轎，為了表示主神的威猛，絕少在轎下裝設輪子，行進時由八人扛抬，邊走邊抖動轎身，使之上下晃動，以表示主神的特性及神威的顯赫。

●武轎比一般大轎更顯得威猛。

●四轎在大廟之前起童。

四轎

大小不及大轎三分之一，有座無頂的四轎，顧名思義，乃因四人扛抬而得名。它的作用，一方面可供神明乘坐，也可以做為人神溝通的橋樑。

扛抬的方法分為硬貫和軟貫兩式的四轎，「所謂『硬』，即只是利用轎子左右那兩支九尺長的扛木（俗稱轎貫），作為扛、抬而已……而『軟貫』，則在扛木間，前後各以麻繩或鐵絲繫上一支平行，長約五尺半的『籤木』。……如此一來，四個轎伕形成一條線，而左右扛木也就變成他們的扶手了。」（黃文博《台灣信仰傳奇》）。

四轎出現的場合，以迎駕和開路為多，此外，也是民間「關輦轎」的轎子之一，轎上的神明可使「法力」使扛轎者起童而表達神明的旨意。

▲善信們正在觀手轎以求明牌。

◀乩桌上的手轎。

手轎

手轎是所有神轎中最小的一種，造形像把小椅子般，大小約僅二十五公分，沒有轎扛，轎上也沒有神像，它的功用，完全因應「關輦轎」而來的。

也被人稱作「神的小椅子」的手轎，由兩人雙手控持轎底的四支腳而得名。在關轎前，法師或童乩在轎上安符施法，請神靈登轎，一旁的鑼鼓手便開始敲打催促神明起駕，經過或長或短的時間後，扛持手轎的其中一人便開始起童，「然後，輦轎開始『出字』（即『乩字』），從頭到尾，每次幾乎都是同樣圈、打、點、劃的動作，『桌頭』即據此，每次以三、兩句來解說神意，就有關此次問神的目的或內容，逐一說來，直到結束。其間，信徒可透過『桌頭』，臨時要求神明答覆相關問題或指點迷津。」（黃文博《台灣信仰傳奇》）。

●手轎在中南部地區最爲常見。

手轎雖是轎的一種，卻不供神乘坐，而是巫覡法器的一類。

●轎頂鷄主要是為了取冠上的血用的。

轎頂白雞

在進香謁祖的廟會中，偶而也會看到有些神轎頂上，會綁一隻雞，隨著轎子一路來到祖廟，這隻雞必定是一隻白雞，且需長有美麗紅冠的公雞。

神轎上綁著一隻白雞，表示此轎之神將在祖廟分香並開光點眼，再迎回奉祀。帶著白雞前來謁祖，乃是在行開光之儀時，必須請道士取雞冠上的血勅符引天光。換句話說，白雞因冠上之血可以辟邪除穢，因而才被人連同神轎迎到祖廟以資利用，不明究裡的人卻覺萬分好奇。

民間法事的打城中，也可見到白雞，不過這裡的白雞乃取其可以啼叫，象徵白天來到，黑暗遠去之意。生命禮俗中的婚禮歸寧，則要攜帶「領路雞」，乃指請雞帶路之意。

香擔

外型像座小廟，前方有兩個小門，裡面放置一個檀香爐的「香擔」是進香隊伍中除神明外，最能代表神靈的「聖物」。神明自祖廟分靈時，除了神明的雕像，還有一對代表主神聖靈以及香火相傳的「香擔」（有些廟分靈時甚至只有香擔，神像到分靈地再新刻），這麼重要的東西，自被每座廟視為「聖物」。

「香擔」既然因祖廟而來，每次進香時，都必須挑回祖廟，以增加神明的聖靈，因其意義特殊，早期甚至常有搶奪香擔的情事發生，「這些搶者欲奪搶香擔置於其本地，以期能獲取南瑤宮天上聖母聖靈之庇佑，繁榮其村莊，造福他們鄉里。」（李俊雄《我所知南瑤宮一些事》）。

●大甲媽祖南巡的挑香擔者。

香客

香客亦稱香腳、隨香客，也就是一路跟隨進香團進香、繞境的善男信女，他們大多沒有組織，更沒有責任與義務，一路跟隨神明，完全是以虔敬的心和感恩的情，吃苦受難無怨無悔，因而，香客的多寡，往往也顯現神明受到擁戴的程度。

屬於主神隊一部份的香客，除了特別化粧以為贖罪者外，大多跟隨在主神轎後，行進時亦步亦趨緊緊跟隨著，停駕時趕緊上香膜拜，並守候在大轎一旁……，他們對神明的虔敬與忠誠，隨時隨地都表露無遺。

完全由善信們自動組成的香客隊，規模大小跟主神的威靈成正比，規模小的，三五人也成行；規模大者，甚至達幾千幾萬人之譜。香客們除了虔誠的隨香，也有人打扮成不同的身份，借以救贖自己或前世人的罪孽。

●騎脚踏車跟隨白沙屯媽祖進香的香客。

▲跪在地上恭送王船的香客。
◀路邊迎接神駕的香客。

●手持香旗，揹著孩子進香的香客。

香旗

無論什麼規模的進香、繞境，香客們必然人人手持一香，此外最常見的手持物便是香旗。外型呈三角型，上繡主神名號，外緣綴有流蘇的香旗，為個人或家庭代表神明靈威的信物，功用與意義接近於寺廟的香擔。個人於進香之前，需先購買一面繡好的香旗，再持之向主神禱示、祈求神威降臨，完後需在香爐上通過，以示神靈附應；進香時，則手持香旗，一路跟隨在主神之後，經過每一座廟時，同樣也要過爐，或者請廟方加蓋神明信印在其上，以增顯威靈。

進香活動結束後，香旗則奉回家中，置於神明桌上日夜膜拜，至次年進香時，再持著香旗隨香。

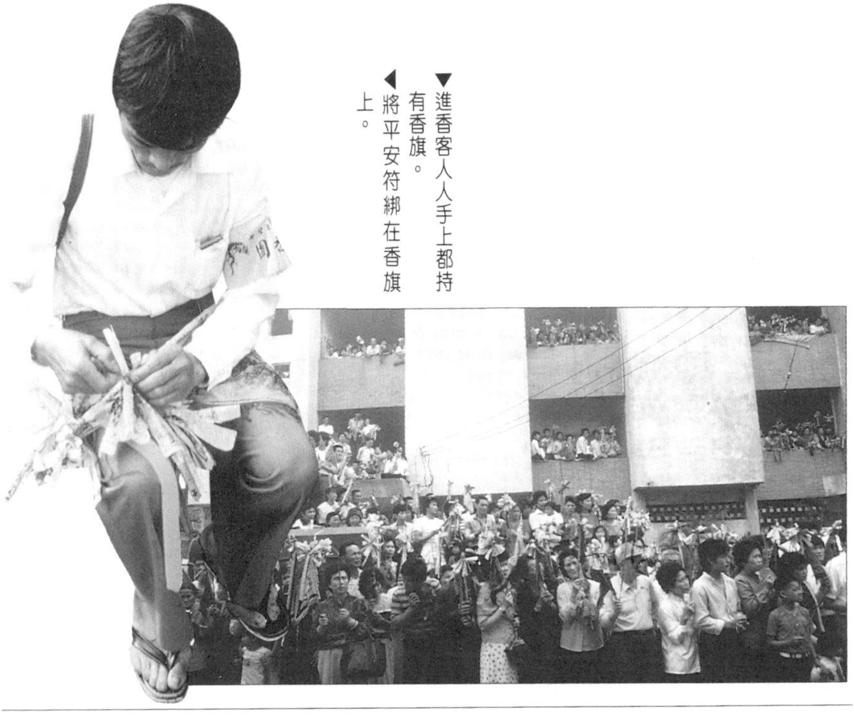

▼進香客人人手上都持有香旗。
◀將平安符綁在香旗上。

隨香燈

隨香燈也是信徒們手持跟隨進香的信物之一，早期的進香信徒，除持香及香旗，人人都手提著隨香燈，《安平縣雜記》載：「北港進香，市街里保民沿途往來數萬人，日夜絡繹不絕，各持一小旗，掛一小燈（燈旗各寫『天上聖母，北港進香』）」。

直徑約十公分，高二十五公分左右的隨香燈，呈圓桶狀，兩頭收束成口，下口有一木塞，塞上可插蠟燭；上口以鐵絲或細繩綁在藍紅兩色的四方小旗上，旗上書寫信徒的地址與姓名。隨香燈的主要結構以竹編成，再糊上白紙，或塗上黃色為底，上書「某某神明，某地進香」字樣，外型小巧可愛，舊時人們手持時，燈籠內還必需點着蠟燭，以示香火相傳不絕。

太平洋戰後，多數進香活動都改以遊覽車為交通工具，隨香燈攜帶較為不便，大多改以刺繡的令旗替代，象徵香火不熄的隨香燈僅在關渡媽祖廟及台南大天后宮仍有少數香客持之。

●隨香燈今已不多見。

隨香金

功能與隨香燈相同，都為隨香所需之物的隨香金，為學甲地區每年一度上白礁大刈香或繞境時，跟隨在保生大帝轎後的信徒們，人人手持的特殊隨香之物。

顧名思義，隨香金乃是跟隨進香的金紙，其意義除了點燃不熄的香火，更有為主神準備金紙，以備隨時所需之意，但一般四四方方如磚塊般的金紙攜帶不易，信徒們乃取半疊金紙捲成圓筒狀，外貼上兩道紅紙，僅露出「祈求平安」字樣及福祿壽三仙圖案，上綁一條紅綢線，以便繫在大線香上，信徒們只要持著香，便可如持隨香燈般，一路隨轎刈香。

隨香金雖為地方性的產物，但造形相當可愛，祭典完後，隨香金得隨金紙一同焚燒，以示謝神還願，寓意頗為深長。

●學甲上白礁的隨香金。

掃香路

台灣南部較大規模的繞境或刈香活動，信徒們不僅隨香跟從，還有許多帶有自懲或贖罪意義的進香客，掃香路者便是其中最常見的一類。

迎神賽會中的掃香路者，大多是一些上了年紀的婦女，兼有少數男子以及小孩們，他們人人手持一把新掃帚，上綁有一道紅紙條，走在主神轎前，一路清掃不停，意指為神明清掃出乾淨的香路，以供神明通過。

掃香路純粹是自動自發的自贖性行為，參與者含有「替神開道，以減罪惡」之意，可惜掃路僅是象徵性的行為，因此早有人認為，如果這些人真的付諸實際行動，把環境打掃乾淨的話，當更有意義。

●人們相信替主神掃路，可減輕罪孽。

戴鐵枷

迎神賽會中，最重大且最嚴肅的自懲行為，莫過於自扮成犯人，戴上枷鎖，以示最徹底懺悔之意。

一般說來，戴枷者大致可分為兩類：一是替人受過者，如父母因幼兒不好扶養，自認有罪戴枷，祈求主神庇佑幼子或者因父母年老多病，子女戴枷贖罪以祈減免父母之病痛；二為自戴枷鎖以減罪孽者，這些人大多因身體有病痛或者事業、學業不順，乃希望以這種方式獲得救贖的機會。

至於所戴的枷，可分為兩種，由紙糊成四方形狀的稱為鐵枷，每個枷輕重有別，輕者二、三十斤，重可達一百二十斤或兩百斤不等，不過這些重量都是象徵性的，只是把重量直接書寫在枷上，此外鐵枷上還有王爺稱號、迎神年科以及「犯人」姓名等。

該選幾斤重的鐵枷戴上，則視個人的「罪刑」而定，輕者戴輕，重者戴重！

●每付鐵枷，都要寫上重量。

●母親拿枷，孩子背著乞丐袋，以示「罪孽」深重。

戴魚枷

自視為「犯人」，頭戴枷鎖以贖罪惡的香客們，所戴的除了四四方方的鐵枷，還有一種仿古代刑具的「魚枷」。

由兩條魚形組成，中間空一圓洞，魚尾有開口的魚枷，雖無輕重之別，上面也無需書寫「犯人」姓名，作用與鐵枷完全相同，都是為了贖罪而來的。戴鐵枷與戴魚枷之別，則視廟的習俗而定，台南西港慶安宮與土城聖母廟，都是戴魚枷的著名廟宇。

一般而言，戴枷贖罪者除了頭戴枷鎖，大多全身著黑衣黑褲，頭上還綁一條黑紗帶，每天早上，迎神隊伍出巡前，「犯人」須自動到廟前跪在神明面前，請工作人員幫忙戴上枷鎖，並在魚枷上貼上封條，傍晚回到廟裡，請工作人員在神前拆掉封條後，才能拿下枷鎖回家休息。

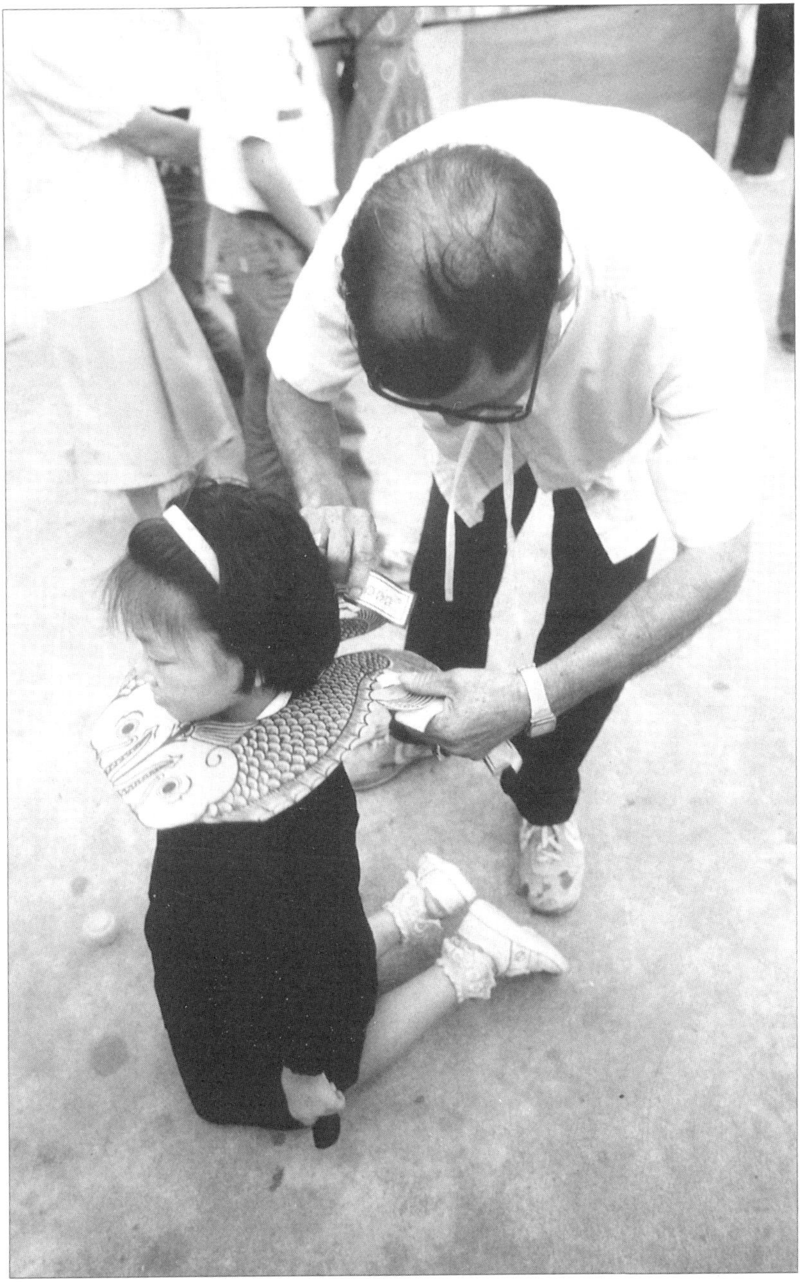

●孩子戴魚枷，可能因前世之罪。

●志願充軍，必然受到頗大的刺激。

充軍

民間信仰中，人們為了獲得救贖的自懲行為，雖大多以戴枷為主，但在台灣南部，另有自願充軍，為主神馬前卒者。

充軍之人，大多是為了還願。有些人小時身體欠佳，父母乃代為發願；或者長大成人後，遇有不順遂的情事，自己到神前發願於事情解決後充軍解罪；更有些人因橫遭困阨，認為是自己罪孽深重，乃希望借著充軍的機會洗清身上的罪惡。

這種自願性的懲罪行為，參與者大多為男性，身穿便服或黑衣，腰際綁上一布巾，頭上纏一頭巾，臉上還畫一紅圓型，一邊寫「充」字，一邊書「軍」字，倒還真像是一個流配邊疆的軍伕呢！

充家將

充家將也是善男信女們對神明的自懲行為之一，它和充軍不同的是，扮演的雖為家將，卻以分擔苦力為主，而成為主神的使役之一。

台灣地區可見充家將的例子，為台北萬華的青山宮及淡水地區，其充家將者又分為二，一是自組成家將團，在主神轎前清道開路，這種類型的家將較為常見，職業家將團未興起之前，各寺廟的家將幾乎都是由這種民間的子弟組成，這些組家將團的成員，大多懷持著謝神與感恩的態度而已，自懲性並不強。

青山宮的另一種家將，並無團隊，完全是個人行為，他們每個人都扮成家將的模樣，但手無兵器，反多了一個袋子，裡面放著許許多多的鹹光餅，主神出巡時，便沿途將鹹光餅分送給圍觀的善男信女們，一袋分完再裝一袋，一直為青山王出力至出巡活動結束為止。

●充任家將，以示誠心爲神服務。

挑馬草水

挑馬草水為南部迎王祭典中，經常可見的香客自懲式行為之一。三年一科的西港送王船祭典，刈香及送瘟王期間，每天都有數百擔的馬草與水挑到廟後的廣場上，盛況可見一斑。

用竹籃盛裝一些菅芒或牧草之類的青草，是為馬草；另用水桶盛裝清水，稱為馬水，主要的作用是供給王爺的座騎食用。

迎王期間，善信們一大早就挑著馬草水來到廟前，每擔都插有線香或盤香，擺在廟埕上敬王馬，或者挑著擔子，一路跟在迎王隊伍中，以示自我贖罪。

數百擔的馬草水，同時出現在迎王的場合中，實可供應相當數量的兵馬所需，不過，這些卻不供給真實的王馬食用，而專供看不見的王馬。每天黃昏，挑馬草水之人，要將舊馬草水挑回，第二天再挑來新的。

●西港燒王船，善信們每天自動挑來馬草水。

●挑馬草水，正是爲神服務最具體的表現。

馬鞭

在王爺的信仰系統中，供王爺騎坐、使用以至於傳令的王馬，一直扮演著重要的角色，善信對祂的崇祀也相當慎重。南部許多人家，家中長年領養馬草水，並早晚上香，在祭典或者迎王期間，更有許多人挑著一擔擔的馬草水，供王馬食用。

東港迎王盛典期間，出現一項跟王爺有密切關係的民俗物品——馬鞭。顧名思義，馬鞭乃是用來驅策馬行動的東西，養馬或騎馬之人不可或缺。此外，在戲曲中也常可見到馬鞭，但卻轉化為馬的象徵。

用紙紮成，剪有許多流蘇的東港馬鞭，主要的用途也是趕馬之用，自願的信徒們人手一鞭，意味替王爺趕馬，表示自己願為王爺效勞，甚至還含有贖罪的意義。

迎王期間許多人都手持一鞭，數量相當龐大，多數是花二、三十塊錢購買而來，使得販賣馬鞭的小販大賺了一筆。當然也可以自行製作，更可顯示虔誠心意。

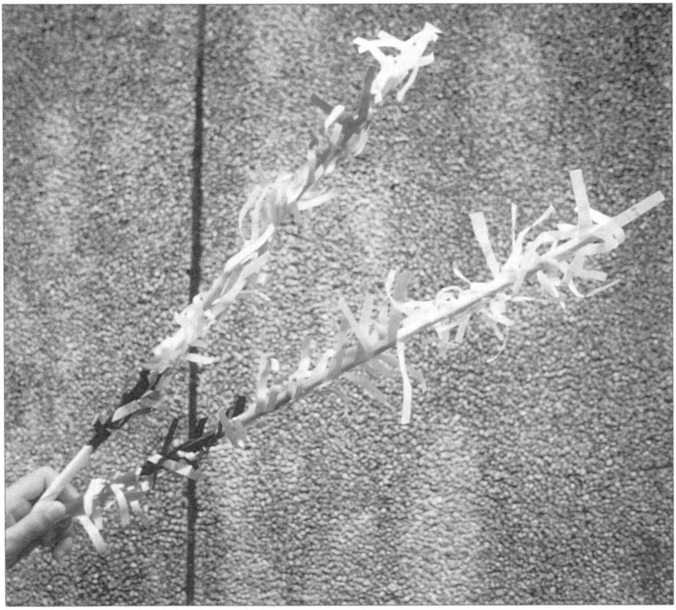

●東港迎王持有的馬鞭。

神座

神座是特別為神明準備的座椅，且都是「虛位以待」。設置這類神座雖都因迎神賽會而來，依性質的不同，設置的理由可分以下三大類：一是主神出巡，在廟中設神座以示神威依舊；二為迎神慶典期間，另設神座請天神下來鑑視科儀並巡訪人間善惡；三是主神壽誕慶典，準備神座以便廣邀眾神前來同慶。

擺設神座，除理由的不同，擺置的方法及型式也不一定相同，有些以實物的桌和椅，上舖紅毯為神座，桌上還置有五穀以及煙、茶等，此例出現在東港、小琉球的迎王盛會中；另一種則是完全以縮小的模型擺設，不僅有桌子和椅子、文房四寶、木匾……等，所有的東西齊備，儼若一座小型神壇。

●備妥桌椅虛位以待。

風雨免朝牌

民間的神誕廟慶或者迎神出巡，最怕天公不作美，派來風風雨雨朝拜，使得活動的進行產生諸多不便。

「風雨免朝」牌便是為了避免風雨來打擾而設的一種宣示牌，大多在神廟活動之前，由主神指示張掛風雨免朝牌，至慶典結束後，再請示收回此牌。其張掛和收回，完全必須依神明的指示進行，一方面表示神明特准風雨免來朝拜，同時也暗示神明能呼風喚雨，無所不能的法力。

大多兩塊分掛在廟前兩根大龍柱上的「風雨免朝」牌，並沒有固定的形式，彩繪或木刻皆可，除上書「風雨免朝」字樣，還有虎頭圖紋以及主神的押印。近年來此牌漸不易見到，僅台北的靈安尊王祭，每年都可見到龍柱上高高掛著風雨免朝牌。

●風雨免朝牌足以顯示主神的尊位。

●止飢又可吃平安的寺廟平安粥。

平安粥（圓）

寺廟在舉行迎神慶典或者祭典儀禮時，大多會辦桌或準備一些點心供善男信女們食用，稱為平安飯、平安粥或平安圓……，反正以食物名稱之外加冠平安兩字便成。

一般而言，任何迎神慶典或廟祀活動，時間都在一天以上甚至達兩、三天，這期間的伙食大多由廟方供應，經費充裕的寺廟，還特別辦桌，一般的廟宇至少也有流水席，最簡陋的也有什菜粥以待客，善信們只要在用餐時間到餐廳都可自由進食，俗謂吃了可佑平安，因而乃稱平安粥或平安飯。

正餐之外，許多寺廟也供應點心，種類則有粥、米糕、湯圓、粽子、炒米粉、炒麵等項，夏天時必有供應冰品、飲料或者水果……，不管是什麼樣的食品，都屬於平安食的一項，儘可大方享用。

平安米

平安米也是寺廟祭祀慶典中常可見到的東西，卻不同於平安粥供不特定的對象食用，而須經過向神祈求之後，獲得神允許才得帶回家，供全家人食平安。

大體而言，平安米都為象徵的意義大於實質，米都採小包裝，祭典時供善信們擲筊祈求，獲得聖筊者可帶一小包回家，放在米缸中，家人吃了米缸中的米，便可獲得平安。台南地區的王船祭典中，王船添儎之際，主持法事的道士或童乩，也會抛一些米包給圍觀的善男信女，同樣也稱作平安米，吃了可佑全家健康平安。

北部地方有些寺廟於冬深之際，都會準備一些米糧賑濟境內貧戶，有些廟也稱這些米為平安米，可見由寺廟提供給某些特定人物帶回家食用的米，都可稱作平安米。

●分送給善信們的平安米。

4／酬神戲曲

●善信們到廟中酬謝神恩。

謝恩

迎神賽會或神明祭典期間，也是善男信女謝恩最好的時機。人們平時遇到困難或者厄運，大多會到廟中祈求神明庇佑以渡難關，事後雖有人於平時特別準備祭品到廟中謝恩，但一般都於祭典時一併酬神。

一般而言，人們在向神祈求之時，大多已應若如願之時，要準備什麼樣的東西來叩謝神恩，簡單的多為鮮花四果、隆重的有三牲或五牲、特別重大的事情可能要殺豬公以酬神恩。謝恩時必要表明酬還何時所許之願，才不致被誤為普通之祭神。

有些人外出時在他鄉的廟宇許願，卻一直沒有機會再去謝恩，或者許了一些願，卻忘了還願了沒有，也可以在大年除夕或祭謝天公時，一併叩謝諸神。

謝戲

善男信女們酬謝神明，最常用牲醴、祭品與金香禮燭，此外，另有許多增顯榮耀的方法，如打造金牌、添置八仙綵、桌裙……以至於請戲演出以酬神。

人們請戲演出以為酬神的方式由來已久，台灣早期地方戲曲的發達，跟酬神戲的興盛有相當大的關係，信徒謝戲的方式有二：一是求神應驗馬上請戲公演，但比例較少；大多數都是等到迎神賽會或神誕時，再請戲酬神，添增熱鬧氣氛，吸引更多的觀眾們到廟前來。

戰後由於社會形態的演變，傳統戲曲隨著謝戲習俗的式微而沒落，直到八〇年代初，因大家樂興起，謝戲之風再起，但信徒們所謝的卻都是脫衣舞或康樂隊。

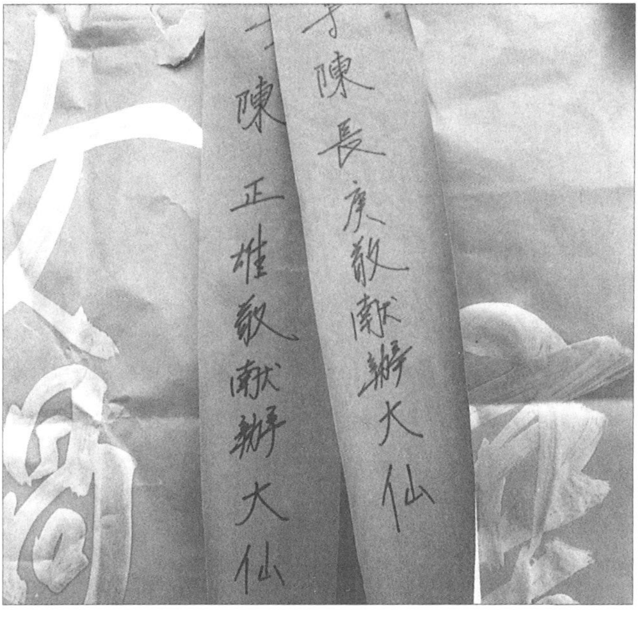

●扮仙謝神也是酬神的方法之一。

罰戲

迎神賽會或神明壽誕的野台戲演出，大部份都是善男信女們主動捐獻用以酬神，但在早期的台灣社會，也有村人犯錯，被罰以請戲演出的例子，稱為罰戲。

清代的台灣，由於司法不彰，村落的自律成了維持社會秩序最重要的依靠，每個地方都定有自律的規則，明定犯了什麼過錯，該處以什麼刑罰。罰請一齣戲演出的例子，在許多地方經常可見，「現有所謂罰戲制裁之定目。使理屈者出貲，強制予以公催演戲，在眾人環視之下，貼示某人謝罰之文字，而將其懲戒之意予以公佈為例，或以徵收一定罰銀之方式，亦將該銀充演戲之用，而有採取間接罰戲之處理，隨之，地方所立之公約中，有對違背某種禁止者之制裁，亦訂有罰戲之一條，畢竟也出於同一旨趣者……」（伊能嘉矩《台灣文化志》）。

罰戲的風俗，一直沿用到日治時代，戰後社會形態改變較鉅，此俗才漸不可見。

●清代的台灣，許多野台戲的演出乃因罰戲而來。

拼戲

善男信女們請戲演出以為酬神，由於都集中在迎神賽會期間，如果請戲的人多，常會出現多棚戲同時演出的盛況。

同一個廟埕，出現兩棚以上到十幾二十棚戲對台演出，稱為拼戲。農業社會時代的台灣，社會缺乏娛樂，酬神戲是人們最好的消遣，戲的好壞成了人人重視的焦點，兩台戲以上同時演出，以便讓觀眾做個選擇，請戲的主人或廟方人員再以台下觀眾的多寡，決定下一次是否繼續請該團來演出，戲班一方面為了生意，同時也爭面子，莫不使出渾身解數吸引觀眾，拚戲的熱烈氣氛自然就產生了。

拚戲是一種不算比賽的比賽，可能是相同的戲種互拚、也可能出現多種不同的戲種互賽，誰都不能抱怨條件的不同，只要台下的觀眾少，便是輸了，戲班只能挖空心思，把觀眾叫回來，因此各種花招都耍得出來，否則輸人又輸陣，實在是很難看的事。

●拚戲其實就是一種戲劇演出大賽。

▲隨駕戲僅在駐駕時演出。

◀邊走邊演的布袋戲，也算是一種隨駕戲。

隨駕戲

野台戲的演出方式，除了固定在廟埕表演，或者多棚拼戲，進香繞境時更有隨駕戲隨行。舊時交通不便，神明進香往往要花費數天半個月的時間，其間必須借宿他地，主神駐蹕之際，隨駕戲就須在駕前演出。

隨駕戲或可視為進香或出巡隊伍中的一環，它和其他陣頭不同的是行進之中並不表演，僅在神明停駐後，才演戲供神人欣賞。隨駕戲的戲種並沒有一定的限制，完全視各廟的慣例或善信的喜好決定，但一般都必須全程參與演出。

由於隨駕戲班也兼有護衛神駕的意義，多數的隨駕戲班都由地方票友組成的子弟班擔任，較少請職業戲班演出，現今仍存最典型的隨駕戲，便屬大甲媽祖南巡，一路隨伴演出的南管戲了。

●大甲媽祖的隨駕戲，都是南管子弟班。

子弟戲

●北管師傅們正在訓練年輕的子弟。

迎神賽會的戲劇演出，一般都請職業性的戲班為主，但也有許多場合，由子弟班披掛上陣，子弟班所演出的戲，就稱為子弟戲。

屬於移墾社會的台灣，村莊即成一個社羣單位，這個單位裡，以寺廟為中心，人們的祭祀、信仰、教育、文化以及娛樂……形成一個自給自足的單位。在娛樂以及教育的需求下，地方大老乃將子弟組織起來，共同研習一項曲藝或音樂，不僅可以親密彼此的感情，也可以達到娛樂以及信仰的目的，必要的時候，更可以派子弟班粉墨登台，演戲以酬神。

子弟班所學的劇種並無限制，端視地方的需要，再徵選授業的老師，利用農閒之餘，約經過半年左右，便能完整地演出一齣戲。台灣的子弟班中，南管、亂彈、外江（京劇）、歌仔戲都有，較少有習偶戲的子弟班，其餘另有習樂曲或車鼓、布馬等歌舞小戲的陣頭子弟班。

子弟戲的演出，完全視地方的情形而定，較窮困的地方，可能由子弟班包下所有酬神戲，以省下戲金，也有些地方認為子弟的水準不輸職業戲班，對台演出和職業戲班拼戲！

●三重的北管子弟正式登台公演。

扮仙戲

無論是請職業戲班或由子弟班登台獻藝，不管演出的劇種是亂彈還是歌仔、是大戲還是偶戲，演出正式的劇目之前，都必須先要來一齣扮仙戲，以表示為神明賀壽或同慶之意。

扮仙戲並非劇種名，而是某一類特定戲的專有名詞，台灣的扮仙戲種類繁多，其中以《小三仙》、《大三仙》、《醉八仙》、《太極圖》、《新金榜》、《天官賜福》、《蟠桃會》等為主，正式上戲之前，由演員們依劇目的不同，扮演各種不同的神仙，上台為神明賀壽或道喜，並祈神明庇佑善信吉祥喜慶、國泰民安……。

扮仙戲又分公仙和私仙，公仙乃指大家共同請戲班演出，為全體善信祈福的扮仙戲，通常正式戲開演前的扮仙都屬；私仙則為人民私自出錢請戲班專為他個人或家庭扮演以酬神祈福的仙戲，一般都在正式戲演完後演出。有些地方由於請扮私仙的善信甚多，廟方乾脆定下規矩，明定扮小仙（《小三仙》）多少錢，扮大仙（《醉八仙》）多少錢，收了錢之後，叫戲班一一為民眾扮仙，連正式的戲都不演出。

●歌仔戲在扮《醉八仙》。

布袋戲

民間常見的酬神戲中，布袋戲以其規模小、價錢低、又富趣味性的優點，自古至今，一直都佔有廣大的市場。

布袋戲又稱掌中戲，是一種以手掌撐木偶，在一座高及寬約四尺餘，深僅一尺的「彩樓」（木雕戲台）上演出的戲劇，布袋戲的偶人雖小，但在精湛演師的巧手絕技下，依舊可以表演得有血有肉，令人感動。

從中國傳入台灣時，以南管為配樂，演出以文戲為主的布袋戲，在台灣漫長的發展過程中，歷經過多次的變革，先是以北管取代南管，後來又出現了以打鬥為主的劍俠戲，戰後開始有了更大的變革，先是把戲偶加大數倍，又用彩繪的戲台取代傳統的彩樓，後場配樂也採流行音樂為主，再加上乾冰、霓虹燈等，庸俗艷麗的金光戲於焉出現。這種以聲光奪目卻無技巧可言的變種戲，雖一直飽受批評，卻因省略了後場的人員，費用大幅降低，終於成為酬神戲中，最經濟實惠的一種。

●古典的布袋戲，精妙絕倫。

●已過世的老藝人王炎，用傀儡戲祭火煞。

傀儡戲

自古以來，一直充滿著神秘色彩的傀儡戲，由於帶有濃厚的宗教色彩，本身就被視為民間信仰中消災解厄的法器。

台灣的傀儡戲，都屬於懸絲傀儡，是一種以絲線分別懸住戲偶肚子、左右腳尖、左右掌心、左右肩、左右手肘、腰及背的偶戲，演出時，藝師手操提線板，便能夠精妙地表現出各種細膩的動作，令人嘆為觀止。

俗稱為加禮的傀儡，更是民間祭煞或跳鍾馗的重要法寶之一，過去傀儡戲的演出，大都是為了這方面的需要，一般人本就少有機會看到，民間傳說又謂孕婦或孩子看到傀儡，生下的孩子必患軟骨症，更添了幾分神秘色彩。

分佈在宜蘭及高雄兩地的傀儡戲，戰後早已成為夕陽劇種，目前傀儡戲雖偶有人會請來做娛樂性的演出，但大多仍以宗教演出為多，宜蘭的戲班都多為出煞、掃路、跳鍾馗而演；高雄的劇團，主要的演出則為結婚與拜天公。

●傀儡戲的演出，並不多見。

皮影戲

台灣的三種偶戲中，皮影戲無論是形式或表演，都和其他的偶戲有相當大的差別，演出的限制也較多，一直都侷限在高雄地區發展，現今更是最為式微的劇種。

以牛皮為材，雕成戲偶並彩繪以顏色，張開大塊布幕，借燈光照射讓皮偶映在布幕上以為演出的皮影戲，清初便由潮州傳到台灣，卻因只能在夜間演出，吸引許多人圍觀，而被認為容易滋生事端，經常遭到禁演的命運。

俗稱皮猴戲或皮戲的皮影戲，戲偶共分頭、胸、腰、腿、臂、手六個部份，頭和身體可以分開，以配演不同的角色。演出時，演師只操手的部份，藉著巧妙的變化，單面的偶人可進可退，可左可右，可飛天可遁地，相當精彩有趣，一直被譽為本土的卡通。

來自中國潮州，一直以潮調為配樂，皮影戲在台灣的諸多劇種中，形成一獨特的系統，早年它常在廟前酬神演出，日治後因受其他劇種激烈競爭的影響，迅速萎縮，目前台灣雖仍存四團，但還能表演的不過兩團，主要的演出則偏重在民間的結婚、賀壽等喜慶方面。

●演出時變幻無窮的皮影戲。

▶臺原藝術文化基金會收藏的古老台灣皮影戲偶。
▼許福能老師傅在雕塑皮影戲偶的情形。

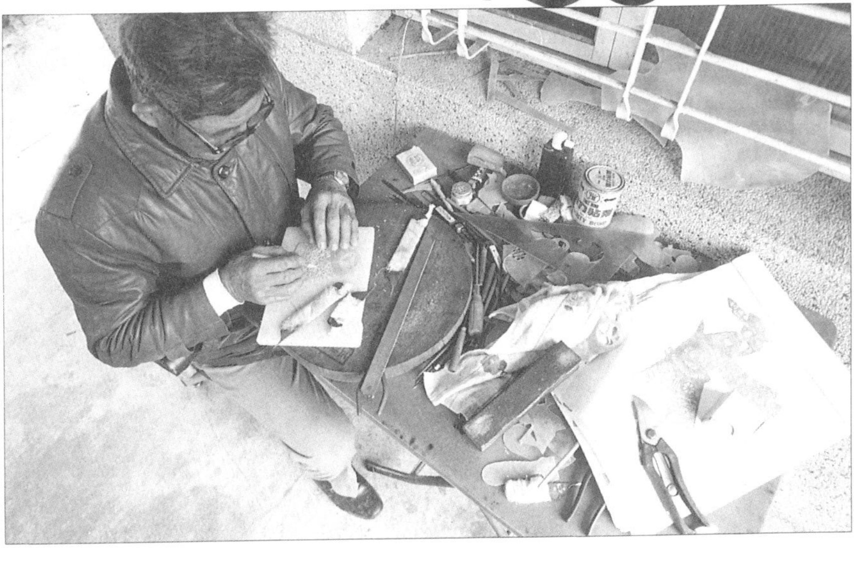

歌仔戲

●歌仔戲爲台灣土生土長的劇種。

清代末葉誕生於台灣的歌仔戲，不僅是最具有台灣特色的劇種，更是台灣迎神慶典中拼戲的主要劇種。

「以台灣民謠、茶歌、俚歌、採取平（京）劇之形式、台步、服裝而混合新生之台灣戲，用台灣歌調演出者」（毛一波《宜蘭縣志》）的歌仔戲，發源於宜蘭不久，便傳到台北，不到幾年之後更遍及西部平原。它的優勢在於唱腔、做工及服裝，都源於本土的民謠及小戲，最具有親和力，因而迅速地取代亂彈戲，成為民間酬神戲的主流。

戰後曾多達兩、三百團之多的歌仔戲，主要的特色是七字一句，四句一聯的七字調，此外還有都馬調、送別調、十二送哥調、哭調等，都是特殊而動人的曲調，深受台灣人的喜愛，七〇年代中葉以後，受到現代社會的衝擊，演出雖有不少改變，加入了現代的流行歌曲，甚至還夾雜了少女暴露的色情演出，八〇年代後，又因新的演員難覓，出現了對嘴演出的錄音戲，但無論如何，歌仔戲至今仍扮演著野台戲主流的角色。

南管戲

南管又稱南音，是最早隨著漢人移民台灣的中國劇種，清中葉之前一直廣受到人民的喜愛，北管戲來台後，幽怨沉緩的南管戲才遭到挑戰，清末葉開始式微，日治後南管班紛紛改演亂彈，戰後則全無南管戲生存的空間，現存的南管戲，完全由業餘的子弟班支撐大局。

發源於長江以南地方，以管弦樂配樂，曲調悠長清雅，行腔吐字柔慢，動作文雅細膩，戲劇溫婉柔美的南管戲，清代以「一府二鹿三艋舺」為大本營，吸引了無數人的喜好，更一直被視為「高尚典雅」的戲曲，重要的慶典必要請南管樂前往「排場」（奏樂而不演唱）或請戲班演出，和民間信仰的關係至為密切，惜北管興起後，南管戲的溫婉柔美反成了缺點，觀眾終而捨棄《斷機教子》的哀怨，投入激昂壯烈的亂彈戲懷抱。

台灣目前仍餘有南管子弟班、台南的南聲社以及清水的清雅樂社都是重要的戲班，此外，大甲附近的頂店等三個南管子弟班，每年輪流跟隨大甲媽祖南巡，演出隨駕戲，更是現存重要的南管戲活動。

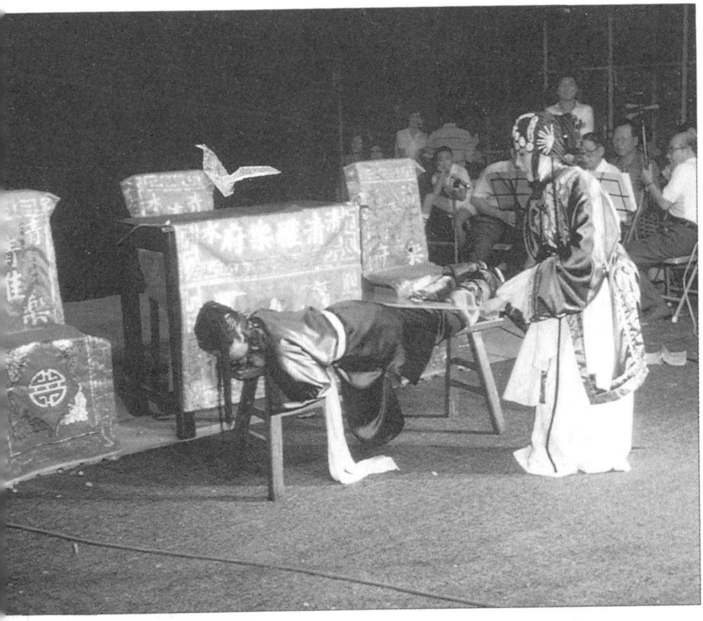

●溫婉典雅的南管戲。

亂彈戲

比較正式的寺廟慶典，如法會、建醮以至於重要的神誕，廟方往往會特別在意正棚戲，僅有少數幾個劇種能上正棚，共同參與廟慶，其餘的小戲或變種戲，只能在正對廟門的正棚之旁，搭個野台共襄盛舉。

亂彈戲自古以來，一直都是正棚戲的第一個選擇，它的獨特地位，同時反映在台灣俗諺中：「豬肉吃三層，看戲看亂彈」，更說明了這個劇種受歡迎的程度。

正稱為北管戲的亂彈戲，分西皮及福路兩派，前者以皮黃系統為主，亦稱新路；後者較近秦腔系統，也稱舊路。清中葉始，亂彈在台灣興起後，兩派各自發展，竟成水火不容的場面，甚至到日治時仍生械鬥，日治中期，歌仔戲大興，亂彈戲逐漸式微，彼此不和的情形才漸和緩。

以打擊樂器為主要配樂，服裝講究，演出動作優雅，劇情高潮迭起，武戲對打精彩……，都是亂彈戲能在台灣稱霸百年的重要因素，由於亂彈戲常上正棚演出，劇團團主或重要演員大多也兼扮法師，負責跳鍾馗或登台拜表等科儀。

目前台灣僅餘台中新美園一個亂彈戲班，一般觀眾要看他們演出的機會相當稀少。

●北管花旦的精采演出。

▶王金鳳仍寶刀未老，最擅長演老生。

▲台地僅存的北管戲，僅台中新美園一班而已。

四平戲

歷史悠久的亂彈戲，在發展與傳承的過程中，由於受到地方環境以及觀眾喜好的不同，也會出現許多變種戲，四平戲便是脫胎於亂彈，配樂也採西皮派的變種戲。

又稱四坪或四棚的四平戲，「因傳自潮州，又稱潮州戲。語多帶粵語，配樂用北管的西皮派。舞台中央帳幕懸掛『當朝一品』字樣，而戲班名，如復興鳳、小龍鳳，多用鳳字為記。」（吳瀛濤《台灣民俗》），原屬中國廣東的劇種，來到台灣後，大多在新竹及苗栗地方發展，唱腔唸白也都以客家話為主，因而一直被視為客家戲。至於高掛「當朝一品」字樣的習俗，在日治之前便不復見了。

四平戲擷取了亂彈戲中最精彩的武戲，又捨棄許多繁複的象徵語言，使一般人民更容易欣賞，一直都受到客家人的喜愛，直到歌仔戲興起後，才開始沒落，至今僅有少數歌仔戲班，能兼演幾齣不甚完整的四平戲。

●四平戲在台灣近乎絕跡。

高甲戲

發源自南管系統，卻加入許多武戲改良而成新劇的高甲戲，又稱為九甲戲或九家戲，為盛行在台灣中部的劇種之一，吳瀛濤撰《台灣民俗》謂：「九甲，又稱九家，一班演員九名，因有此稱。另說其名稱係指南唱北拍即南北『交加』的同音異字。也有稱此為白字戲仔。此戲傳自泉州，台詞純用泉州語，音樂用南管，表演風格帶著淫邪的秋波，俗稱『駛目箭』，曾風行一時。」。

擷取南管柔美細膩風格與亂彈緊湊、激昂劇情，並向現實取材而生的高甲戲，過去雖一直因「駛目箭」被視為不正當之戲，卻擁有廣大的市場，民間私人的場合，最常請此劇演出。戰後社會環境改變，送秋波不再被認為有什麼大不了的事，再加上新娛樂的興起，高甲戲也擋不住時代變遷的潮流，走上沒落之途。

台灣現在存有生新樂及正新麗園兩個高甲戲班，每年二月的土地公戲及七月的普渡戲，仍可見到他們活躍在野台上。

●高甲戲目前僅在中部地方流傳。

康樂會

興起於戰後，以輕鬆的節目形態，表演流行的歌唱樂舞，兼及打諢笑料為主的康樂會，由於都大多在晚上演出，也被稱為康樂晚會。

表演自由率性，以演唱歌曲為主，並不成一獨特「劇種」的康樂會，最初的發展和政府單位的下鄉政令宣導有一定的關係，又受到民間打拳頭賣藥團的影響，遂發展出此一以晚會型式表演的節目。

七〇年代之前的康樂會，還具有相當濃厚的地方色彩，演出者也常有地方的長壽俱樂部老人客串，是一個典型的台上台下同歡的康樂活動。七〇年代中葉以降，社會日益繁榮，新娛樂的出現刺激了康樂會的蛻變，先是改良了聲光設備，後漸往少女暴露的衣著方面著手；至八〇年代後，大家樂興起帶動脫衣舞的大風潮，康樂會大多改頭換面為脫衣舞表演的野台秀，並大幅佔領野台，將傳統野台戲擊得潰不成軍，成為民間酬神戲的最愛。

●晚近的康樂會，大多改成野台秀。

野台電影

電影是二十世紀文明產物，它原本應在一特定的房子裡放映，供民眾觀賞，但隨之電影技術的愈進步，全世界各地也都相繼出現露天電影院，在露天放電影供觀眾欣賞。

日治時代進入台灣，七〇年代以後才發展的較為良好的電影，約在五、六〇年代，便有露天電影的存在，當時都是由政府單位的電影隊輪流到鄉村間放映，主要的功用是政令宣導；至七〇年代前後，老舊的商業電影在露天播放的機會漸多，不久後有人組成民間的野台電影班，以放電影供作酬神演出，但一直都沒什麼規模；直到八〇年代初，許多布袋戲班鑑於傳統戲演出乏人觀賞，於是納入野台電影成了日演布袋、夜映電影的現象，野台電影遂成酬神戲中的一項。

價錢低廉又好看的野台電影，為應付酬神戲扮仙的需要，在放映正式電影之前，也同樣會演出一齣扮仙戲，且扮仙的種類並不僅一項，《三仙》、《醉八仙》、《蟠桃會》……應有盡有，難怪它能迅速地攻佔鄉村田野的大小野台。

●野台電影以廉價佔領了酬神戲市場。

⊙臺原田野作家⊙

客家語言研究的中流砥柱
—羅肇錦

八〇年代中期以降，雙語教育漸成為人們關注的焦點，然而多數人所提的第二語，都指閩南話，唯一有能耐又堅持客家語言尊嚴的，只有羅肇錦一人，他花了十餘個寒暑，潛心研究客家話，並試圖理出一條大家都可接受的壯闊道路，一九九一年，他更以〈台灣的客家話〉勇奪「台灣客家文化獎」，可謂實至名歸！

◉臺原田野作家◉

步步血汗的鄉土學者
—黃榮洛

黃榮洛只受過幾年的日本教育，中文完全是自修得來，且從來沒接受過任何學院的訓練，卻因他的執著與愛，一步一跡，腳踏實地進行台灣中北部客家族群以及相關歷史事件的田野調查工作，每每都能找到學院人士無法探得的資料，找到別人尋不得的證據，早被譽為最珍貴的鄉土學者。

黃榮洛力作

渡台悲歌・定價260元

血淚與生命交織的渡台悲歌
與拓台滄桑

⊙臺原田野作家⊙

與原住民共舞的外省人

──明立國

原籍山東的明立國，長久以來一直生活在台灣原住民的世界中，不僅和他們同飲共食，還娶了阿美族的妻子，更重要的是，他是台灣年輕一代中，唯一長期鑽研原住民文化變遷的田野工作者，他的每一份成績單，都令我們感到汗顏與驚訝！

明立國力作

台灣原住民族的祭禮・定價190元

豐富繁多的祭禮，深刻奧義的文化領域

⊙臺原田野作家⊙

肩負重任的文化良醫
—林勃仲

四十歲之前的林勃仲，是台灣著名的婦產科名醫，四十歲之後，他開始跨入本土文化的世界中，矢志爲提昇本土文化於世界舞台而奮鬥不懈，不僅開辦了協和藝文基金會與臺原出版社，更親赴台閩等地，實地從事文化變遷的田野訪查，他的每一步，都朝著文化良醫之路邁進！

林勃仲力作

變遷中的台閩戲曲與文化・定價250元

第一本探討台海兩地文化變遷的歷史性詮釋

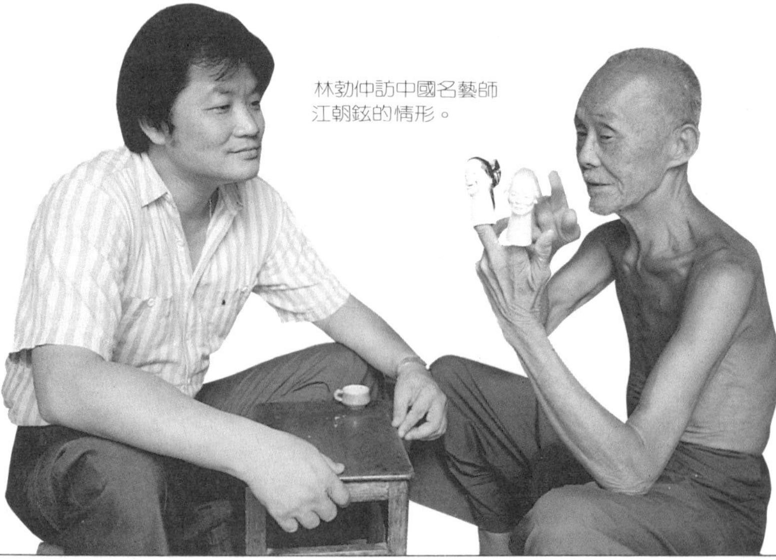

林勃仲訪中國名藝師
江朝鉉的情形。

159, 216
鑼鼓　55, 59, 70, 89, 104, 164, 174, 177, 216
鑼鼓陣　216
鑼鼓隊　117, 216, 217

其他

《From Far Formosa》　11
《Formosa Under the Dutch》　11
《Pioneering in Formosa》　11

麒麟將軍　133, 136, 177
《斷機教子》　279
《關公保二嫂》　153

二十劃

爐主　63, 233
爆竹　70
獻豬羊份　87
寶安宮　150
鐃鈸　164
鐘鼓　70
鐗　132
麵羊　87
麵豬　87
鹹光餅　209, 255
鹹餅　209

二十一劃

繡(綉)旗　77, 94, 220, 221
蘭花　71
鐵砧　125
鐵枷　137, 228, 251, 252
鐵條　125
鐵筆　224
鐵鍊　125
鐵鏈　125, 228
鐵鎚　125
露天電影　285
響盞　116
驅邪　95, 107, 114, 147
驅逐邪魔　101, 114
鶴山　143
《蘭陽的歷史與風土》　18
《蘭嶼雅美族》　15

二十二劃

灑淨　69
禳災　123
禳醮　40
疊羅漢　143, 159, 166
籠仔獅　142
鑑湖女俠　15

二十三劃

灑淨　69
變種戲　273, 282
籤木　239
麟　177

二十四劃

鹽水　48
鹽分　14
靈安尊王祭　260
靈媒人物　45
靈獸　111, 136, 147, 177

二十五劃

觀世音菩薩　54, 192, 194
觀音亭　54

二十七劃

鑽　125
鑽轎脚　74
鑼　95, 96, 100, 104, 105, 147, 152,

戴鐵枷　252
擲筊　87, 89, 90, 220, 262
擺香案　227
穢物　108
穢氣　235
歸寧　242
禮燭　265
繞境　40, 51, 52, 53, 54, 55, 61, 63, 64, 65, 66, 67, 69, 71, 78, 79, 87, 94, 96, 102, 103, 104, 106, 107, 109, 123, 152, 191, 194, 214, 218, 227, 228, 229, 237, 244, 247, 249, 250, 269
舊路　280
翻筋斗　166
轉調　216
醫神　47
鎮山宮　173
鎮瀾宮　87
鎮靈宮　139
鎖鏈　128
鎖爺　133, 137
雜角　174
雜役　227
雞籌　147
雞籠獅　142
雙生(相搏)陣　161
雙斧　147
雙面戟　136
雙劍　147
雙鐧　147
鞭炮　55, 59, 64, 71, 89
鯉魚　141, 167

十九劃

龐元志　132
懸絲傀儡　275
羅大春　10
繩子　125
繳令　123
繳旨　62
繪臉　121, 232
藤條　125, 158, 228
藤牌　147
藤島亥治郎　12
藝陣　47, 62, 110, 111, 118, 156, 167, 168, 169, 170, 172, 178
藝閣　47, 94, 109, 110, 111, 113, 114, 116, 117, 181, 184
轎夫　71, 84
轎貫　239
轎凳　74, 80, 82, 132
關刀　224
關公　48
關仔嶺　50
關(聖)帝君　48, 229, 238
關帝爺　48
關帝廟　48
關渡　248
關聖帝君香期　42, 48
關輦轎　239, 241
麒　177
麒麟　177
麒麟陣　177

隨香燈　248, 249
隨從　164
隨駕戲　269, 279
險道神　205
醒獅　142, 143, 145
醒獅團　143
錄音戲　278
錘　132
鋼索　224
閻（羅）王　199, 200, 202, 203
頭香　87, 90
頭家　233
頭旗　65, 76, 77, 94, 106, 107, 108, 149, 150, 159
頭燈　106, 107
龍　146, 167
龍虎裙　152
龍柱　260
龍陣　141, 146
龍鳳圖案　107, 215, 220, 235
龍鳳獅　142
龍鳳獅陣　146
龍頭　224
龍頭鍘　138
龜　167
龜精　190
龜聖公　190
《薪傳集》　167

十七劃

壓驚　209
嶽帝　199
嶽帝廟　203
彌勒佛　196
彌勒尊者　196
彌勒團　196
戲神　193
戲偶　273, 276
臉譜　121, 123
礁溪　48
臨水夫人廟　170
謝天公　264
謝必安　129, 199, 200
謝恩　264
謝神　225, 249
謝將軍　128, 133, 199, 200
謝戲　265
還願　249, 254, 264
鍾仕貴　140
鍾華操　17, 18
霞海城隍家將團　133, 135, 136, 137
霞海城隍爺　59, 133
霞海城隍廟　134, 138
韓德　128
鮮花　264
齋戒　68, 121
《薪傳集》　16
《蟠桃會》　175, 272, 285

十八劃

戴枷　254
戴枷者　251
戴魚枷　252

樂元堂　164
潮州　276, 282
潮州戲　282
潮調　276
澎湖　19, 54, 55
熱鬧隊　55, 94, 109, 110, 120, 181, 184, 214, 216
燈籠　106, 135
獠牙　208
獅豸　177
獅豸（麒麟）陣　177
瘟疫　140
瘟神（王）　45, 256
盤香　256
線香　15, 71, 249, 257
練家子弟　143
蔣毓英　10
蔡培火　15, 16
蔡相煇　17, 18
蝦子　167
衛惠林　15, 16
請水　57, 58
請火　57, 58
請王　150
調五營　151
豎燈篙　99
趣味陣頭　110, 159
踏蹺陣　153
輦轎　241
醉八仙　272
醉彌勒　196
遮天布　108
鄭元和　172
鄭志明　18
鄭成功　10, 147
鄭良偉　17, 18
鋛　125
閭山道院天訣堂　151
駛目箭　283
駐蹕（駕）　64, 77, 79, 80, 89, 226, 269
《澎湖的民間信仰》　18
《蕃族調查報告書》　12
《蕃族慣習調查報告書》　12
《醉八仙》　272, 285
《震瀛採訪錄》　14

十六劃

儒教　48
壇宇　58
學甲　47, 98, 102, 113, 153, 249
操五寶　76, 77
燈龍　135
燒　125
燒王船　150, 173
獨角　143
蟧蟹　167
盧清　128
謁祖　51, 85, 242
豬肉　100
豬腳　96, 100
隨香　89, 94, 244, 247, 250
隨香金　249
隨香客　244

旗車隊　221
旗牌官　233
槍　224
榮昌堂文武郎君陣　173
歌仔調　174
歌仔戲　174, 175, 270, 272, 278, 280, 282
歌仔戲班　282
歌舞小戲　270
演義小說　10, 188, 189
瑤池金母香期　42
監斬官　232
罰戲　266
福安宮　14
福建　209
福路　280
福祿壽三仙　181, 249
端午　62
管樂團　226
綜合性陣頭　178
舞獅　142, 149
艋舺　279
艋舺青山王　59
誦經　69, 87, 226
誦經團　87, 226
趙元帥　190
趙公明　140
趙康二元帥　190
遷船繞境　231
鉞　224
銀山　137
銀山將軍　133, 137
銅索　224
銅缽　226
銅繩　228
銅鑼　116, 159
鬧場　104
領令　123
領旨　62
領路雞　242
鳳　146
鳳仙裝　168, 170, 178
鳳林　145
齊眉棍　147
《閩海紀要》　10
《艋舺歲時記》　14
《認識台灣民間信仰》　17

十五劃

劉文三　17, 18
劉元達　140
劉枝萬　15, 16, 17, 18, 24
劉將軍　126
劍　224
劍印童子　229
劍俠戲　273
劍童　59, 229
劊子手　232
廟埕　146, 256, 267, 269
廟會　53, 168, 172, 180, 163, 242
增田福太郎　12
撐刑　127
撐船伯　168
橫笛　172

董芳苑　15, 17, 24
董菜　96, 100
葫蘆　130, 135
落地掃　174
落地掃陣　174, 175
蓋目印　125
蓋頭印　125
蜈蚣　114, 147
蜈蚣陣　51, 114
蜈蚣閣　110, 114, 115
腳釘　125
腳鐐　125
裝台閣　113, 114, 117
衙役　218
解厄　114, 120, 121, 123, 147, 152, 226, 275
解罪　254
解運　120, 152, 192
鮭鯱　177
詩意藝閣　111
跳鼓陣　159, 160, 161
跳鍾馗　275, 280
路線表　103
路線圖　103
路關　95, 103, 104
路關牌　94, 103
辟邪　140, 209, 242
過三山　143, 145
過火　47, 150
過獨木橋　143
過爐　84, 85, 247
達西烏拉彎・畢馬　18, 19
達摩祖師　194
達摩拳　194
遊行　53
遊境　53
道士　69, 227, 233, 242, 262
道場　58
道教　48, 194, 195
酬神　264, 265, 266, 267, 270, 272, 276
酬神戲　14, 265, 267, 270, 273, 278, 284, 285
鈸　147, 216
鈴木清一郎　12
鈴木質　12
鈴鼓　116
電子琴　226
電子琴花車　183
《靖海志》　10
《靖海紀事》　10
《楚留香》　111
《節婦訓子》　111
《道教大辭典》　192

十四劃

僧人　69, 226
嘉義　43
壽誕　100, 226
彰化　43, 62, 151, 164
廣東　142, 143, 282
廣澤尊王　139
慶安宮　252
廖漢臣　15

黑令旗　107, 108
黑服　151
黑無常　128, 200
黑旗　151
《雅美族的社會與風俗》　19
《雲笈七籤》　192

十三劃

傳令　258
傳統戲曲　265
傳說　50, 111, 132, 133, 139, 186, 199, 200
亂彈　270, 272, 279, 280, 283
亂彈戲　278, 280, 282
亂彈戲班　280
亂鑼　217
會香　77, 78
嗩吶　70, 116, 164, 174, 217
圓球　135
媽祖　40, 43, 45, 49, 55, 62, 78, 86, 87, 113, 186, 188
媽祖香期　40, 42, 43
媽祖信仰　45
媽祖誕辰　43, 55
媽祖廟　43, 54, 87, 248
感恩　255
慈濟宮　47, 98
慈暉舞獅團　145
搖槳　164
搶香　90
搶頭香　90
搶轎　91
新竹　142, 282
新竹縣　177
新美園　280
新埔鎮　177
新路　280
新營　170
新港　86, 87
暗訪　59, 62, 64, 69, 106, 134
暖壽　226
暖暖　153
楊任　188
楊英　10
楊雲萍　14
楊戩　189
溪州　151
溫王爺　60
獅　146
獅陣　142, 143, 145, 146, 149
獅鬼　142
獅頭　149
鼓　147, 159, 216
鼓花陣　159
睢陽城　191
登台拜表　280
義民節　177
聖水　58
聖母廟　252
聖筊　262
聖駕　231
聖靈　243
粬荖　166
萬華　255

換香　71, 73, 227
換袍禮　68
插香　73
插頭香　90
掌中戲　273
湄州　186
棕鬢捲　125
棒槌　224
集英宮　116
棋盤山　188
普渡戲　283
朝天宮　43, 86
戟　224
殼仔弦　162
童乩　45, 49, 58, 69, 76, 77, 83, 89, 120, 151, 233, 241, 262
硯　125
疏文　87
筆　125
紫竹林寺　102
繩子　125
菱形陣　120
蛤　167
貳香　87, 90
貼香條　65, 66
跑旱船　168
跑旱船陣　167, 168
透青竹　99, 100
進香　40, 42, 43, 45, 47, 48, 49, 50, 51, 53, 57, 58, 59, 61, 62, 63, 64, 65, 66, 67, 68, 69, 70, 71, 76, 78, 81, 82, 83, 85, 86, 87, 89, 94, 96, 100, 103, 104, 106, 109, 118, 214, 218, 220, 222, 226, 227, 236, 237, 242, 243, 244, 247, 248, 249, 250, 269
進香團　87, 104, 244
進香廟　87
進香轎　237
鉤鐮刀　147
開口獅　143
開光之儀　242
開光點眼　242
開面　124, 229
開陣　76
開基武廟　48
開道　59, 95, 106, 134, 186, 190, 205, 250
開路　94, 104, 107, 147, 152, 218, 222, 239, 255
開路將軍　134
開路鑼（鼓）　94, 95, 99, 104, 105
開館　119
雲林　142, 153, 183
順口溜　163
順風耳　186, 188
黃文博　18, 23, 24, 117, 119, 152
黃色高錢　210
黃有興　17, 18
黃美英　18
黃服　151
黃蜂出巢　147
黃旗　151
黑令　77

袈裟　226
許成章　17, 18
許常惠　17, 18
許遠　191
許願　264
軟貫　239
斬馬刀　125
通緝簿　132
連環套　228
逐邪　205
逐瘟　140
逐煞　95, 121
逐魔　115
陰曹地府　133, 137, 176, 201, 203, 208
陳元龍　177
陳炎正　17, 18
陳漢光　14
陳國鈞　15
陳健銘　19
陳靖姑　170
陳將軍　126
野台秀　284
野台電影　285
野台電影班　285
野台戲　181, 266, 278, 284
閉口獅　142
都馬調　278
部將　121, 128, 134, 190, 193, 201, 202, 228, 229, 230, 236
頂店　279
魚枷　124, 125, 128, 252
麻豆　45, 120, 170
麻豆五王府　45
鹿耳門廟　40
鹿港　43, 59, 60, 62, 116, 176
《參神》　164
《國語閩南語對照常用辭典》　16
《從征實錄》　10
《掃蕩報》　14
《梁山好漢》　153
《淡新鳳三縣簡明總括圖册》　10
《淡水廳築城案卷》　10
《清國行政法》　12
《現代建設》　111
《現代社會的民俗曲藝》　18
《番社采風圖考》　10
《莊嚴的世界》　16, 18
《野台高歌》　18
《野台鑼鼓》　19
《釣到兩鞋的雅美人》　19

十二劃

割火　57, 86, 89
割香　51
富源　145
彭孫貽　10
復興鳳　282
報兵　98, 102
報馬　98
報馬仔　94, 95, 96, 98, 99, 100, 101, 102, 104, 105, 233
報訊　102
揭榜　63

屠宰業　49
帶刀護衛　98
康子典　132
康元帥　190
康樂隊　265
康樂(晚)會　284
張元伯　140
張天師　230
張巡　191
張詠雪　23
排灣族人　180
挽茶車鼓陣　163
採茶歌　163
探子　102
探館　118
捲　125
接香　64, 76, 77
接香禮　76
排城　147
掃災　152
掃香路　250
掃除妖氣　95
掃路　107, 275
晝旗夜燈　107
梶原通好　12
淡水　255
淨身　74, 120
淨案　227
淨轎　69
清水　279
清茶　71
清道　94, 105, 218, 222, 255
清道者　105
清裝　101, 218
清雅樂社　279
涼傘　58, 159, 176, 235
涼傘翻鼓　159
淫戲　163
彩樓　11, 273
彩繪　121, 260, 273, 276
戚繼光　147, 209
敖丙　195
殺豬公　264
番仔舞陣　180
番服　116
發願　254
硃砂筆　132
祭品　264, 265
祭祀圈　43
祭煞　164, 275
祭解　69
移川永之藏　12
移駕　69
符令　188
笨港　62
細妹獅陣　145
莊永明　17, 18
華蓋　235
蛇　136
蛇將軍　136
蛇棒　130, 136
蛇精　190
蛇聖公　190
脫衣舞　265, 284

除穢 242
陣法 147, 151
陣頭 47, 50, 54, 64, 76, 77, 78, 83, 86, 89, 94, 95, 102, 109, 110, 114, 117, 118, 119, 120, 128, 139, 140, 141, 142, 146, 147, 149, 150, 153, 156, 158, 159, 161, 163, 167, 168, 169, 173, 174, 175, 176, 177, 180, 181, 183, 184, 215, 216, 218, 270
陣頭化 139, 162, 175
馬公市 54
馬公天后宮 55
馬公觀音亭 54
馬水 256
馬伕 164
馬草 256
馬草水 258
馬前卒 254
馬前鑼 104
馬將軍 203
馬偕 11
馬爺 203
馬鞭 164, 258
高甲戲 283
高甲戲班 283
高明 188
高拱乾 10
高雄 102, 275, 276
高錢 210, 211
高爺 199
高蹺陣 153, 155
高蹺團 153
高覺 188
鬼役 121, 176
鬼隊 176
鬼將 199, 200
〈素蘭小姐欲出嫁〉 178
〈高山青〉 180
〈娜魯灣情歌〉 180
《唐僧收石猴》 175
《桃花過渡》 163, 168
《格致鏡原》 177
《海上見聞錄》 10
《病囝歌》 163
《神岡鄉土志》 18
《被遺誤的台灣》 10
《送君》 156

十一劃

停駕 64, 66, 77, 78, 80, 89, 181, 226, 244
偶人 116, 273, 276
偶戲 270, 272, 275, 276
副神 76
副將 189, 193
動物神 230
國立藝術學院 170
基隆 113, 153
執事牌 224
婆姐子 170
婆姐母 170
婆姐面具 170
將爺陣 176

神明隊　94, 214, 215
神明會　193
神明壽誕　42, 53, 174, 260, 265, 266, 280
神尪　184, 190, 209
神座　259
神格　49, 76, 78, 79, 95, 101, 235
神案　62, 211
神袍　68
神虎將軍　133, 136
神將　121, 191, 195, 203, 208, 209, 210, 211, 232
神將高錢　210
神蝶朝拜　49
神像　134, 186, 193, 237, 238, 241, 243
神器　107
神廟　40, 43, 45
神壇　85, 259
神豬　87
神號　107
神號旗　221
神駕　269
神轎　50, 53, 54, 64, 69, 71, 73, 74, 78, 79, 80, 83, 84, 89, 91, 94, 109, 181, 199, 214, 222, 231, 237, 242
神蹟　49
神靈　57, 73, 82, 211, 241, 247
神龕　49, 68, 79, 236
笑佛　143
笑彌勒　196
素果　71
素蘭小姐陣（頭）　178
素蘭出嫁陣　178
紙錢　210
耙仔　147
航海之神　49, 55
茶歌　278
袪災　108, 114
袪煞　123
袪禍　74, 75, 120, 147, 152, 209
袪瘟　140
袪穢　47, 72
財神爺　48
配祀　66, 134, 140
配屬神　101
起馬　70
起馬宴　67
起童　83, 89, 239, 241
起鼓　216
起駕　70, 83, 241
送王船（祭典）　101, 256
送別調　278
送瘟王　256
釘床　125
釘椅　125
釘棍　125
鬥牛陣　158
降乩　62
降福　74
除夕　264
除禍　108
除魔　123

原住民文化　180
原住民祭典　180
原住民歌舞陣　180
哪吒　188, 195, 238
哪吒三太子　195
哪吒太子香期　40, 42
哨角　94, 214, 216, 217
哭調　278
埔心　164
夏大神　130
夏本奇伯愛雅　18, 19
夏琳　10
夏瘟　140
夏獻綸　10
娘傘　235
婚禮　242
家神　73
家將　121, 123, 124, 127, 133, 138, 209, 210, 255
家將團　124, 125, 126, 128, 133, 134, 135, 136, 137, 138, 209, 210, 232, 255
家將壇　133
唐三藏　175
唐僧　175
座騎　230, 233, 256
徐仁修　22
徐惠隆　17, 18
恩主宮　48
捉大神　128
捉拿大神　128
挾腳　125
捕快　94, 214, 228
拿大神　128
晉廟　77
晉殿　83, 84
桌裙　265
桌頭　241
柳將軍　127
柳鬼　188
桃花山　186
桃椿　188
桃精　188
消災　74, 114, 192, 226, 275
流水席　261
海巡　54, 55
海洋文化　50, 198
海鳥　167
烈火旗　147
烏賊　167
烏旗　152
班役　76, 77, 94, 214, 218, 222, 224
班頭　127, 218
破臉　121
祝壽　87, 89
祝壽大典　87
祓禳　120
祖神　40, 43, 58, 84, 86, 89, 90
祖師爺　173
祖廟　40, 47, 51, 53, 54, 57, 64, 65, 78, 82, 83, 84, 85, 86, 87, 89, 90, 91, 242, 243
祖爐　86
神兵　195

昭君出塞　116
春大神　130
春花　97
春夏秋冬神（春夏秋冬四大爺）
130
春瘟　140
柳將軍　127
枷爺　133, 137
枷鎖　251, 252
泉州　283
泉州語　283
洪惟仁　17, 18
炮烙　125
炸轎　230
牲醴　265
疣斑蛾　49
祈安　47
祈福　226, 272
穿口針　108
秦腔系統　280
秋大神　130
秋瘟　140
紅綢線　249
紂王　188
苗栗　282
范將軍　128, 133
范無救　128
茶歌　278
軍伕　254
面具表演陣頭　170
音樂隊伍　216
飛鷹民俗技藝館　161
風雨免朝牌　260
食鬼　236
香火　57, 73, 79, 84, 86, 89, 91, 243, 248
香火爐　86
香客　59, 227, 244, 247, 248, 252, 256
香客隊　244
香油錢　80, 90
香案　59, 65, 71, 73, 74, 80, 82, 96, 114, 227
香陣　40, 45, 47, 51, 53, 55, 57, 76, 78, 94, 95, 96, 109, 189, 227
香條　65, 66, 95, 119
香期　40, 42, 43, 45, 48, 47, 49, 50
香腳　244
香旗　247, 248
香擔　86, 243, 247
香爐　71, 73, 85
《南台灣采風錄》　14
《南瀛民俗誌》　18
《信仰與習俗》　17
《封神榜》　188, 189
《拜馬》　164
《看牛歌》　156
《皇清職貢圖》　10
《秋天梧桐》　156

十劃

傀儡　275
傀儡戲　275
原住民（族）　11, 180

長腳牌 218, 222, 224
長腳牌隊 217
雨傘 147
青山王 255
青山宮 255
青面獠牙 208
青服 151
青旗 151
青龍 141
《東寧貢瓜》 111

九劃

保生大帝 42, 47, 134, 229, 249
保生大帝香期 40, 42, 47
保生大帝祭 113
保正 198
保正伯 198
保正婆 198
保安宮 47, 145
保儀大夫 191
保儀尊王 191
保駕方旗 214, 215, 221
俚歌 278
信仰主神 43, 45
信仰圈 42, 43
勅符 242
南州 232
南投縣 49
南音 172, 279
南居益 9
南唱北拍 283
南瑤宮 43, 62, 243
南管 156, 173, 270, 273, 279, 283
南管陣頭 172
南管班 279
南管戲 269, 279
南營 151
南鯤鯓代天府 45
南聲社 279
城隍 133, 137, 199
城隍爺 128, 132, 133, 134, 138, 201
城隍廟 138
奏南音 172
姜子牙 188
屏東 101, 139, 232
客家人 177, 199, 282
客家話 282
客家聚落 145
客家戲 282
建醮 57, 71, 280
前鋒隊 55, 94, 95, 105, 106
拜天公 275
拜殿 222
拜壽 175
拜廟 77, 78, 83, 119
按八卦 120
摎指 125
挑馬草水 256
拼戲 267, 269, 270, 278
施咒 69
施符 69
施琅 9, 10
施翠峯 120

空巡　54
空穿什花　159
芭蕉扇　94
花鼓　166
花蓮　48, 145
花籃　130, 166
苗栗　282
虎牙棒　136
虎枷　125, 228
虎牌　124
虎頭斬　228
虎頭鍘　138
虎爺　133, 134, 135, 230
虎爺裝　230
迎王　101, 231, 256, 258
迎王祭典　101, 256
迎王盛會　259
迎虎爺　230
迎神　53, 61, 63, 65, 74, 78, 101, 102, 118, 119, 133, 161, 163, 218, 228, 251, 260, 261, 278
迎神年科　251
迎神隊伍　65, 71, 74, 77, 91, 96, 103, 105, 169, 192, 220, 233, 252
迎神榜示　63
迎神賽會　13, 51, 53, 55, 57, 59, 61, 62, 63, 64, 65, 66, 67, 73, 95, 96, 98, 99, 100, 102, 104, 105, 108, 109, 110, 111, 113, 119, 120, 126, 140, 142, 152, 159, 162, 164, 174, 176, 177, 180, 181, 183, 184, 189, 190, 192, 193, 198, 203, 205, 206, 214, 216, 220, 221, 226, 227, 229, 230, 250, 251, 259, 264, 265, 266, 267, 270
迎鬧熱　110
迎駕　239
阿里山　49
邱坤良　17, 18
金山　137
金山將軍　133, 137
金光布袋戲　181
金瓜鍾　130
金吒　195
金唐殿　173
金香　265
金紙　82, 249
金牌　80, 265
金童　192
金精(將軍)　186
金獅陣　149
金龍　141
金雞　176, 193
金鞭聖者　152
長叉　147
長生肉　99, 100
長生菜　100
長江　279
長吹　217
長索將軍　133, 136

夜遊巡　133, 201
佳里　120, 173
使役　124, 125, 126, 133, 134, 137, 139, 255
協天宮　48
協天廟　48
協侍神　229
刺球　151
兒玉總督　11
受天宮　49
受鎮宮　49
周禮　205
奈何橋　203
奉天宮　43, 87
姐妹陣　156
孟府郎君　173
季麟光　10
叁香　87, 90
宜蘭　48, 58, 164, 174, 175, 202, 275, 278
宗教陣頭　110, 120, 150, 151, 152
岡田謙　12
幸山寺　139
征東餅　209
招祥　114
押煞　205
拍板　116
拂塵　135, 194
斧鉞　125
明立國　18, 19
林文義　23
林文龍　17, 18
林明峪　18
松柏嶺　49
法官　151, 152
法索　152
法師　58, 69, 152, 233, 241
法鼓　152
法會　57, 280
法事　242, 262
法器　124, 275
添儀　262
東山迎佛祖　90
東方孝義　12
東海龍王　195
東港　101, 139, 231, 232, 258, 259
東營　151
東嘉生　12
東嶽大帝　201
武判　59, 133
武判官　132
武差　126
武佾舞　48
武陣　102, 145, 153, 158
武將　130, 232
武神　45, 49, 107, 120, 238
武術陣頭　110
武裝　97
武廟　48
武戲　282, 283
武轎　236, 238
狀元　164
狀元服　164
和尚　86

老虎　134, 136
《安平縣雜記》　40, 248
《共匪暴政》　13

七劃

何聯奎　15, 16
佛山　143
佛祖　102
兵器　218, 222, 224
吞精　236
吞精食鬼　236
吳新榮　14
吳錦發　23
吳瀛濤　15, 16, 283
呂訴上　15
坐籠　125
妖魔邪道　236
妙應仙妃　139
孚佑帝君香期　42
宋江三陣　150
宋江陣　49, 102, 147, 148, 149, 150
宋江獅陣　142, 149, 150
宋龍飛　17, 18
尪仔　181
尪婆陣　169
巫器　45
巫術　45
弄獅頭　149
扮仙　285
扮仙音樂　71, 181
扮仙戲　272, 285
技藝乞丐　166, 172
攻城　147
李亦園　17, 18
李叔還　192
李喬　24
李靖　188, 195
李赫　17, 18
戒板　125, 228
戒棍　125, 127, 228
男神　68
私仙　272
角棍　125
角頭　51, 53, 91, 102, 212
角頭(小)廟　51, 53, 64, 65, 79, 85, 109
角頭轎　237
巡查大人　198
巡境　55, 76, 77
車城　50
車鼓　270
車鼓陣　156, 162, 166
車鼓戲　162, 163
車閣　113
邪魔外道　105
阮昌銳　15, 16, 17, 18
阮旻錫　10
《困塘》　164
《扮仙與作戲》　18
《走向標準化的台灣語文》　18

八劃

夜叉　176
夜間出巡　59, 106

《台灣蕃人風俗誌》 12
《台灣蕃族圖譜》 12
《台灣禮俗語典》 18
《台灣舊慣冠婚葬祭與年中行事》 12
《台灣輿圖》 10
《台灣藝陣傳奇》 18
《失戀亭》 163
《未開社會》 12
《民俗台灣》 12, 14
《民俗與民藝》 17
《民俗藝術探源》 18
《民間戲曲散論》 18
《白蛇傳》 153

六劃

乩字 241
交培境 109
交錯過人 159
充軍 254, 255
充家將 255
伊能嘉矩 11, 12
仰腰咬錢 159
仰腰開花 159
仰腰傳煙 159
刑具 124, 125, 127, 130, 138, 139
光餅 209
先鋒官 95, 101, 233
地方戲曲 265
地主神 77
地主廟 76, 77
地府神系統 202
地藏王 138
安平 9
安座日 53
守護神 47, 49, 170
多祖神 43
回駕 84, 87, 89, 90, 91
名間鄉 49
收鼓 216
收驚 152
托燈 106
江日昇 10
池田敏雄 12
竹筒 166
竹掃捲 125
西王母 175
西皮 280
西皮派 282
西秦王爺 134
西港 101, 150, 173, 175, 252, 256
西港仔香 150
西營 151
西螺 164
色情車 183
阡陌將軍 205
行天宮 48
行政神 50
行宮 69
行(業)神 47, 49
行歌互答 168
行頭 118
老丑 166
老長壽 198

《台北文獻》 16
《台北市松山祈安建醮祭典》 16
《台北市歲時紀》 16
《台北老街》 18
《台語的智慧》 19
《台語研究論集》 18
《台灣之宗教》 12
《台灣土著民族的社會與文化》 18
《台灣土著社會生育習俗》 15
《台灣土著社會始祖傳說》 15
《台灣土著社會成年習俗》 15
《台灣土著社會婚喪制度》 15
《台灣文化志》 12
《台灣文化滄桑》 18
《台灣文獻叢刊》 17
《台灣外記》 10
《台灣布農族的生命祭儀》 19
《台灣史概要》 12
《台灣史蹟叢論》 18
《台灣民俗》 16, 283
《台灣民間宗教信仰》 17
《台灣民間信仰小百科》 7, 8, 20, 23
《台灣民間信仰論集》 16, 18
《台灣地區神明的由來》 18
《台灣早期民藝》 18
《台灣私法》 11
《台灣府志》 10
《台灣河佬語聲調研究》 18
《台灣宗教藝術》 18
《台灣東部山地民族》 15
《台灣的王爺與媽祖》 18
《台灣的年節》 15
《台灣的祠祀與宗教》 18
《台灣的掌故與傳說》 18
《台灣的建築》 12
《台灣信仰傳奇》 18
《台灣紀事》 18
《台灣風土志》 16
《台灣風土傳奇》 18
《台灣風物》 14
《台灣風俗誌》 12
《台灣冥魂傳奇》 18
《台灣原住民族的祭禮》 19
《台灣家庭生活》 12
《台灣旅行記》 10
《台灣海防並門山日記》 10
《台灣神像藝術》 18
《台灣草地故事》 18
《台灣草地講古》 19
《台灣高砂族的傳說與言語》 12
《台灣習俗》 12
《台灣經濟史概說》 12
《台灣農民生活考》 12
《台灣鄒族的風土神話》 19
《台灣鄒族語典》 19
《台灣電影戲劇史》 15
《台灣歲時小百科》 7, 20, 23
《台灣漢語辭典》 18
《台灣諺語》 16
《台灣諺語淺釋》 18
《台灣廟神大全》 18
《台灣慣習記事》 11

認識台灣，就從臺原開始！

讀者姓名＿＿＿＿＿＿＿＿ □男　□女
電話＿＿＿＿＿＿＿＿ 出生年月日＿年＿月＿日
學歷＿＿＿＿＿＿＿＿ 職業＿＿＿＿

●請寄回此卡，您將定期收到本社書訊，爾後直接向本社購書滿 1000 元以上者，可成爲「臺原之友」，將發給「臺原之友卡」，得享受本社及臺原藝術文化基金會寒暑假所舉辦各種田野文化活動，並享受特別優待。

《臺原，就是專業的台灣風土出版社》

●所購書名＿＿＿＿＿＿＿＿
●買書的動機　□作者名氣　□書名引人　□親友推介
□內容豐富　□題材特殊　□想認識台灣
●對本書的評價　□極佳　□好　□還不錯　□普通
●對本書的印刷　□極佳　□好　□還不錯　□普通
●對本書的價格　□太貴　□貴　□適中　□便宜
●您經由何種方式得知本書出版？
□廣告　□偶然發現　□書訊　□人員推銷　□親友介紹
●您如何購得本書□郵購　□書店　□商店　□人員推銷
●購買本書書店＿＿＿＿縣市＿＿＿＿書店
●您希望本社出版那一類的書籍，或者某位作者的作品？

＿＿＿＿＿＿＿＿
●您對本社的評語與建議：＿＿＿＿＿＿＿＿

＿＿＿＿＿＿＿＿

●您希望收到我們的□書訊　□活動消息
●請推薦親友名單，讓我們寄書訊給他：
1.姓名＿＿＿＿ 地址＿＿＿＿＿＿＿＿
2.姓名＿＿＿＿ 地址＿＿＿＿＿＿＿＿
3.姓名＿＿＿＿ 地址＿＿＿＿＿＿＿＿
4.姓名＿＿＿＿ 地址＿＿＿＿＿＿＿＿
5.姓名＿＿＿＿ 地址＿＿＿＿＿＿＿＿

●謝謝您對本社的支持，我們將以更熱誠的態度，爲您出版好書。

●請您將本書的缺點告訴我們，優點告訴您的親友。

●臺原有心，和您同樣愛台灣，本卡用再生紙印刷

10428

台北市中山區松江路85巷5號

臺原出版社 收

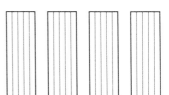

廣告回信
台灣北區郵政管局登記證
北台字第3123號
●請直接投郵，郵資由本公司負擔●

□新讀者 □老讀者（編號）

市縣
市鄉鎮區
街路
段 弄
巷 號
樓

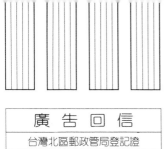

布袋戲班　285
尼姑　226
外江（京劇）　270
必麒麟　11
打七響　166, 172
打面　121, 137
打城　242
打獅節　142
拍板　172
斥候　98
斥候兵　101
旦角　162, 163, 174
立籠　125
正神　69, 101
正殿　58, 68, 226
正棚戲　280
正新麗園　283
民俗賽會　143
民謠　278
玄天上帝　42, 49, 190, 238
玄天上帝香期　40, 42, 49
玄天上帝廟　49
玉女　192
玉犬　176, 193
玉井　49
玉里　48
玉皇大帝　50, 62, 85, 191
玉渠宮　176
玉鼎眞人　188
瓦歷斯・尤幹　18, 19
甘將軍　127
甘柳將軍　128
甘爲霖　11
生死簿　132
生角　174
生命禮俗　58, 242
生新樂　283
甩籃　163
田健次郎　12
田都元帥　176, 193
白字戲仔　283
白沙屯　90
白沙屯媽祖進香　43, 90
白河鎮　50
白虎　100
白服　151
白旗　15
白無常　128, 199, 200
白鶴陣　150
白鶴童子　133, 135, 150
白鶴仙獅　150
白鷺鷥　167
白龍　141
白雞　242
皮黃系統　280
皮猴戲　276
皮影戲　276
皮鞋背　125
皮戲　276
皮鞭　125, 228
《包公斬陳世美》　138
《四門》　164
《台中縣岸里社開發史》　18
《台北文物》　14

冬大神　130
冬瘟　140
出字　241
出巡　51, 53, 54, 55, 59, 61, 63, 68, 69, 74, 76, 79, 80, 107, 108, 113, 202, 209, 116, 123, 134, 135, 140, 187, 191, 194, 199, 202, 209, 222, 224, 229, 235, 236, 235, 237, 252, 255, 259, 260, 269
出陣　118, 149, 167, 195, 220
出煞　275
出廟　85
加禮　275
北斗七星圖　108
北方之神　49
北京　142
北京獅　142
北營　151
北管　273, 282
北管戲　279, 280
北港　43, 78, 86, 87, 113, 230, 248
北港媽祖出巡　230
印信　229, 247
印架　224
印章　59, 229
史文業　140
司法神　59, 127, 132, 228
司法陣頭　120
四大柱　233
四平戲　282
四門　120
四果　264
四坪　282
四季神　130
四神兵　137
四將（四大將軍）　128
四棚　282
四爺　199
四寶　116, 162
四獸將軍　136
四轎　230, 239
台中　280
台北　16, 47, 58, 113, 134, 135, 138, 170, 202, 229, 255, 260, 278
台南　14, 43, 47, 49, 51, 66, 98, 101, 117, 120, 128, 150, 161, 173, 248, 252, 262, 279
台南市　48, 66, 152
台南縣　50, 120, 153, 174, 175
台閣　116, 117
左右護法　186
平安米　262
平安符　95, 227
平安食　261
平安圓　261
平安粥　261
平安飯　261
平（京）劇　270, 278
布馬　64, 270
布馬陣　164
布袋戲　236, 273
布袋戲車　181
布袋戲偶　236

木魚　226
木棍　136
木桶　130
木匾　259
水仙官　140
水神　206
水桶　130
水族陣　167
水將軍　206
水精（水精將軍）　186, 188
火盆　130
火神　206
火將軍　206
火爐　130
火鑱　128
片岡巖　12
牛將軍　202
牛犁陣　156, 158
牛頭馬面　201, 203, 208
牛爺　203
王令　233
王金爐　87
王家祥　23
王馬　233, 256, 258
王國璠　16
王船　173, 262
王船祭（典）　139, 231, 232, 262
王喜　10
王詩琅　14
王嵩山　18
王爺　45, 101, 229, 231, 232, 233, 236, 238, 251, 256, 258
王爺香期　40
王爺醮典　233
王駕　231
王駕旗　231
《中華民俗藝術叢書》　18
《中國民間信仰論集》　16
《五方》　164
《五更鼓》　163
《天官賜福》　272
《公論報》　14
《太極圖》　272
《巴達維亞城日記》　10
《日本帝國主義與殖民地》　12
《水滸傳》　147

五劃

丙鼓　116
主神　42, 55, 62, 66, 69, 70, 74, 77, 78, 79, 80, 83, 87, 91, 95, 96, 102, 106, 107, 108, 123, 124, 127, 140, 184, 189, 190, 191, 201, 203, 205, 214, 215, 217, 218, 220, 222, 224, 226, 227, 229, 235, 238, 243, 244, 247, 249, 251, 254, 255, 259, 260
主神隊　55, 216, 244
主神轎　70, 71, 76, 94, 102, 214, 216, 237, 244, 250, 255
主祭　87
代天府　45, 150
令牌　101, 126
令旗　101, 108, 126, 151, 231, 248

元妃螺祖　205
元長　153
元長飛腳團　153
元（始）廟　51, 119
內門鄉　102
內殿　84, 87, 89
公仙　272
公揹婆陣　169
六十七　10
六將軍　59
六爺　199
凶神　101
凶煞惡人　137
刈香　42, 51, 52, 53, 57, 61, 64, 70, 71, 76, 78, 82, 94, 102, 114, 117, 173, 220, 249, 250, 256
分香　43, 89, 242
分香廟　48
分靈　40, 68, 86
分靈神　86
分靈廟　58, 85, 86
天子門生　172
天子門生府　172
天子門（文）生陣　172, 173
天上聖母　243, 248
天井　83
天公爐　85
天台（桌）　61, 62
天后宮　43, 55
天柱　143
天神　259
太乙眞人　195
太子冠　236
太子裝　139, 229
太子帽　139
太保陣　139
少林寺　194
巴鈴　152
巴達維亞城　9
巴蘇亞・博伊哲努　18, 19
引路　134, 135
引路童子　135
手釘　125
手銬　125, 137, 228
手錢　211
手轎　241
文化人類學　7
文判　59, 133
文判官　132
文武判官　132
文武郎君陣　173
文房四寶　259
文差　126
文陣　153
文戲　273
方相（氏）　205
方俱　205
方牌　128
日夜遊巡　133, 137, 201
日遊巡　133, 201
月牙鏟　137
月斧　224
月琴　162, 172
木吒　195

安溪　191
守護神　191, 192
小丑　156
小（三）仙　272
小生　164
小法陣　152
小虎爺　135
小鬼　176, 202
小琉球　101, 139, 140, 259
小廟　51
小龍鳳　282
小戲　153, 155, 156, 158, 162, 163, 164, 174, 278, 280
小戲陣頭　110, 164
山形戟　137
山邊健太郎　12
《三仙》　285
《三仙門》　164
《三教源流搜神大全》　205
《三藏取經》　153, 175
《大三仙》　272
《女匪幹》　13, 15
《小三仙》　272

四劃

中元祭　113
中村孝志　12
中洲高蹺陣　153
中秋　50
中軍　151
中尊　152
中瘟　140
中營　151
中庭　108
中壇元帥　195
丑角　162, 164, 166, 174
丑戲　169
不分香　50
云庄　53
五方力士　140
五王府　45
五王陣　151
五行五色　151
五府王爺　42, 45
五府王爺信仰　45
五牲　264
五毒大帝　140
五毒大帝陣　140
五毒印　140
五鬼　140
五彩高錢　210
五福大帝　140
五營元帥　151, 195
五營神兵　58
五營陣　151
五穀　259
五瘟　140
五瘟神　140
五爺　199
仇德哉　17, 18
什菜粥　261
什家將　124, 125
化粧表演陣頭　110, 150, 169, 178
化粧藝閣　114

上轎　69
乞水　58
乞丐　166, 172
乞丐技藝　172
乞丐陣頭　110, 172, 173
乞丐寮　172
乞（香）火　57, 58
千里眼　186, 188
千歲爺　229, 231
三十六婆姐　170
三月狷媽祖　43
三弦　172
三牲　71, 264
三星眼　189
三進三退的步法　120
三進三退（晉廟）大禮　76, 77, 83
三開四門　159
三爺　199
三藏陣　175
土地公　50, 76, 77, 197
土地公香期　40, 50
土地公戲　283
土地婆　197
土城　252
土城里　120
大刀　147
大小鬼　202, 208
大天后宮　66, 248
大仙　272
大甲　78, 86, 87, 90, 96, 279
大甲媽祖南巡　43, 90, 220, 269, 279
大鬼　202
大家樂　50, 183, 265, 284
大神　77, 79
大神（仙）尪仔　126, 128, 133, 184, 186, 189, 190, 191, 192, 193, 194, 195, 196, 197, 198, 201, 202, 203, 204, 206, 208, 209, 210, 211, 229, 232
大殿　83, 84
大管弦　174
大鼓　159
大鼓弄　104, 159
大鼓陣　159
大稻埕　59
大廟　51, 64, 78, 79, 83, 85, 214
大龍峒　47, 113, 229
大戲　104, 174, 272
大總理　63
大轎　58, 74, 77, 80, 81, 82, 214, 230, 231, 232, 235, 237, 238, 244
大鵬鳥　136
大鵬將軍　133, 137
女尼　69
女旦　168
女神　68
子弟　118, 119,147, 255, 270
子弟兵　147
子弟班　269, 270, 272, 279
子弟戲　270

索引

一劃

一柱擎天　143
一爺　199

二劃

二弦　162, 172
二郎神　189
二爺　199
七仙女　175
七字調　175, 278
七股　150
七星步　77, 120, 127
七番弄閣　116
七爺　128, 176, 199, 210
七爺八爺　201, 208, 209
七響陣　166
八仙　235
八仙綵　265
八助　237
八角鍾　130
八卦　147
八卦步　127
八卦陣　120
八卦鼓　152
八卦圖　108
八美圖陣　117
八家將　45, 76, 77, 83, 108, 120, 121, 123, 124, 125, 126, 127, 128, 130, 132, 133, 139, 140
八爺　128, 176, 200, 210
八轎　237
九甲　283
九甲戲　283
九家　283
九家戲　283
十二送歌調　278
十二婆姐陣　170
十三太子　139
十三太保陣　139
十八羅漢　194, 196
十殿閻羅　133
丁口錢　61
人羣（大）廟　51, 53, 54, 74, 109, 214
入廟　83, 84, 85, 224, 235
刀　224
《七星》　164
《八仙過海》　153
《八卦》　164
《十八摸》　163

三劃

上白礁　47, 102, 113, 249
上梯　143, 145
上礫　143
上膞　143

國立中央圖書館出版品預行編目資料

台灣民間信仰小百科. 迎神卷/劉還月著. --
第一版. ——台北市：臺原出版：吳氏總經銷,
民83
面； 公分. —— (協和台灣叢刊：41)
含索引
ISBN 957-9261-55-5 (精裝)

1.民間信仰—台灣

271.9 83000257

●協和台灣叢刊41●

台灣民間信仰小百科〔迎神卷〕

著者／劉還月

責任編輯／徐靜子
校　　對／郭貞伶・郭瓊雲・林禎慶・黃靜香
發 行 人／林經甫（勃仲）
總 編 輯／劉還月
執行主編／詹慧玲
編　　輯／蔡培慧・徐靜子・陳柔森
出版發行／臺原藝術文化基金會・臺原出版社
發 行 所／台北市松江路85巷5號
編 輯 部／台北市新生南路一段157巷36之1號
電　　話／（02）7086855～6
傳　　眞／（02）7020075
郵政劃撥／1264701～8
出版登記／局版台業字第四三五六號
法律顧問／許森貴律師
地　　址／台北市長安西路246號4樓
印　　刷／耘橋彩色印刷股份有限公司
電　　話／（02）9175830
總 經 銷／吳氏圖書公司
地　　址／台北市和平西路一段150號3樓之1
電　　話／（02）3034150
定　　價／新台幣三八〇元
第一版第一刷／一九九四年（民八三）一月

ISBN 957-9261-55-5